044 067-7

# DAMPFLOKS IM BETRIEB DER DB UND DR –

## EIN STÜCK EISENBAHNGESCHICHTE

BILDER UND TEXTE VON
UDO PAULITZ

# Inhalt

**Erste Seite:**
Am frühen Morgen des 12. April 1976, kurz vor dem Ende des planmäßigen Dampfbetriebs in dieser Region, wuchtet die Güterzuglok 044 334 ihren schweren Nahgüterzug Ng 63242 mit äußerster Kraftanstrengung über die lange Steigung von 1:90 zwischen Brakel und Bad Driburg in Richtung Altenbeken.

**Seite 2/3:**
Um den gewichtsmäßig stets gut ausgelasteten Dg 53842 planmäßig befördern zu können, wurde dieser Zug in seiner letzten Einsatzperiode mit Vorspann gefahren. Am 6. Mai 1976 strengten sich die Maschinen 044 067 und 180 mächtig an, um ihre schwere Last nach Altenbeken über den Berg zu bringen. Hier zu sehen zwischen dem Bahnhof Ottbergen und dem Haltepunkt Hembsen.

**Seite 4/5:**
In den letzten Jahren des Dampfbetriebs war die Emslandstrecke der ausschließliche Einsatzraum für die ölgefeuerten Güterzuglokomotiven der Reihe 043. Im Juni 1974 zog die Lokomotive 043 469 in flotter Fahrt einen 1500-Tonnen-Erzleerpark in der Nähe des Bahnhofs Aschendorf in Richtung Emden.

# Die Dampflok – eines der letzten Abenteuer

Dieses Werk mit seinem vielversprechenden Titel wendet sich an die große Zahl jener, welche die Schönheit eines Zuges in erster Linie nach seinem Zugpferd bewerten – und dies kann in aller Regel nur eine Dampflokomotive sein! Es wird solche begeistern, denen die krachende Ausfahrt einer Pacific aus einem Bahnhof oder die mit größter Anstrengung und Grenzlast mühsam über eine lange Steigung kriechende schwere Güterzuglok in erster Linie einen Augen- und Ohrenschmaus bedeuten. Im Gegensatz zu dieser „lebenden“ Maschine haben die per Knopfdruck bedienbaren modernen Traktionsarten kaum etwas zu bieten.

Anfang der 1970er-Jahre dampfte es noch in zahlreichen Regionen Deutschlands. In West und Ost. Doch der Abschied vom Dampfbetrieb ließ sich nicht mehr aufhalten. Die Deutsche Bundesbahn schob 1977 ihre letzten Dampfloks aufs Abstellgleis; bei der Deutschen Reichsbahn in der DDR dampfte es bis 1988. Heute ist das Zeitalter der Dampflok endgültig vorbei. Und das nicht nur in Deutschland sondern weltweit und unwiderruflich, wenngleich auch das allerletzte Dampfwölkchen noch nicht überall verflogen ist. Von ihrer Faszination haben diese Zeugen der Technikgeschichte indes nichts eingebüßt, ganz im Gegenteil. Denn damals wie heute lösen diese Maschinen bei Sonderfahrten,

Dampfbetrieb auf der Emslandstrecke. Eingerahmt von dem in der Mittagssonne leuchtenden Herbstlaub überquert die Schnellzugdampflokomotive 012 055 mit dem D 735 die eingleisige Bogenbrücke über den Dortmund-Ems-Kanal kurz vor der Blockstelle Hanekenfähr am 6. Oktober 1973.

Plandampfveranstaltungen, auf den wenigen noch regelmäßig in Betrieb befindlichen Schmalspurbahnen oder auf den in privater Hand befindlichen Museumsstrecken beim Publikum stets Begeisterung aus.

Blicken wir also rund 40 Jahre zurück, als bei beiden deutschen Bahnverwaltungen eine noch erstaunlich große Typenvielfalt an Dampflokomotiven tagtäglich im Einsatz beobachtet werden konnte. Zahlreiche Schnellzüge, Personenzüge, in erster Linie aber Güterzüge wurden seinerzeit von Dampfloks gezogen. Dies natürlich vor allem auf den nicht elektrifizierten Strecken, wenngleich der Dampfbetrieb immer stärker von den modernen Traktionen bedroht wurde.

Udo Paulitz gehört zu jenen Insidern, die diese Zeit noch ganz bewusst erlebt haben. Er war einer der Fotografen, die sich mit großer Leidenschaft der Ablichtung der letzten Dampflokomotiven voll und ganz verschrieben hatten. Wie viele Gleichgesinnte hat er spät angefangen. Gerade noch rechtzeitig, bevor die edlen Dampfrösser den Weg des alten Eisens antreten mussten, investierte er über viele Jahre hinweg nahezu seine gesamte Freizeit in dieses Hobby. An fast jedem Wochenende und an unzähligen Urlaubstagen folgte er – bei Wind und Wetter, an heißen Sommertagen oder in kalten Winternächten – den Spuren der Dampflok mit der Kamera. Hier wurden Loks und Züge in ihrem täglichen Alltag abgelichtet. Und dies ganz ohne Retuschen, so wie sich dieser zufällig darstellte. Den Dampfzug dabei zwar möglichst stimmungsvoll, zugleich aber in voller Aktion im Betriebsdienst des Bahnalltags abzubilden, das war stets sein Hauptziel.

Eine im wahrsten Sinne lebensgefährliche und keinesfalls zur Nachahmung empfohlene „Mutprobe“ dokumentiert diese Aufnahme. An einem Aprilmorgen des Jahres 1971 postierte sich der Autor – und zwar mitten auf dem Gegengleis und ohne Tunnelnische – in der Röhre des Prinzenkopftunnels der stark befahrenen Moselstrecke mit der Absicht, einen einfahrenden Dampfzug im Bild festzuhalten. Die Kamera auslösen, der ohrenbetäubende dumpf-jaulende Warnpfiff der im dunklen Schlund verschwindenden 044 und das Herausstürzen aus dem rußigen Tunnel geschahen fast gleichzeitig. Wenn in diesem Augenblick ein Gegenzug gekommen wäre, hätten diese Zeilen heute nicht mehr geschrieben werden können. Aber die Versuchung, einen nicht alltäglichen Fotopunkt gefunden zu haben, war damals im jugendlichen Leichtsinn eben größer als die Angst vor den nicht auszudenkenden Folgen.

In mehreren Kapiteln mit zum größten Teil unveröffentlichten Aufnahmen zeigt der Autor sowohl in eigenen Aufnahmen als auch in denen seiner damaligen Mitstreiter die unverwechselbare Atmosphäre des Dampflokbetriebs, wie sie sich in der Endphase dieser Traktionsart darbot. Hierbei soll keine Lokomotivbaureihe besonders in den Vordergrund rücken, sondern vielmehr die Schönheit des Dampfbetriebs überhaupt dem Betrachter nahe gebracht werden. Ebenso ist es weder beabsichtigt, eine vollständige Aufstellung aller in den letzten Jahren eingesetzten Lokomotiven noch der Strecken, die sie befuhren, zu bieten. Vielmehr sind es ausgewählte, von Landschaft und Betriebsbedingungen besonders geeignete Regionen und Baureihen, die im Mittelpunkt stehen.

Begleiten Sie nun den Fotografen auf seinen teilweise recht abenteuerlichen Erlebnissen und Exkursionen am Schienenstrang und besteigen Sie in Gedanken die Lokomotivführerstände, auf denen er bei seinen zahlreichen Mitfahrten zu Gast sein durfte. Es sind aber nicht nur die fesselnden und selbst erlebten, teilweise emotional geschilderten, mitunter auch nicht ganz ungefährlichen Reportagen aus der Sichtweise eines Dampflokfreundes vom faszinierenden wie gleichermaßen rauen Alltag des Fahrbetriebs mit Dampflokomotiven, die den Gehalt dieses Buches ausmachen. Gleichwohl werden sowohl die Technik als auch die Dokumentation der vielen, für den Dampfbetrieb so bedeutenden Details insbesondere in dessen letzten Einsatzjahren kenntnisreich zur Sprache gebracht.

Abschließend sei bemerkt, dass die in diesem Werk veröffentlichten, teilweise mehr als 40 Jahre alten Aufnahmen sämtlich in „analoger“ Fotografie entstanden sind. Das bedeutete klassische Diafotografie pur mit manueller Blenden-, Verschlusszeit- und Schärfeneinstellung sowie einem mechanischen Filmtransport. Wenn Sie also im Gegensatz zu aktuellen, in der Regel nachbearbeiteten Digitalaufnahmen anderer Bücher eine abweichende Farbgebung der Aufnahmen vorfinden, so ist dies durchaus gewollt und deren Alter geschuldet.

Lassen Sie sich nun, lieber Leser, durch die vielen Bilder verzaubern, die aus einer Zeit stammen, als die Dampflokomotive in der Zugförderung zumindest noch ein Wörtchen mitzureden hatte.

**Links:**
An einem unbeschrankten Bahnübergang unweit des Bahnhofs Gmünd ging ein umherstreunender Hund seiner Lieblingsbeschäftigung nach, die mehrmals am Tage vorbeidampfenden Züge nach Gross Gerungs aus gehörigem Abstand zu verbellen und ihnen anschließend bis zur Erschöpfung nachzulaufen. In diesem Fall musste die 399.02 als Opfer herhalten.

**Unten:**
Auf dem ausgedehnten 760-mm-Schmalspurnetz im österreichischen Waldviertel verkehrten im Oktober 1980 noch Dampflokomotiven vor Güter- und Personenzügen. Unmittelbar vor der mit einem Güterzug mit aufgebockten Regelspurgüterwagen mit Volldampf daherkommenden Stütztenderlok 399.02 überquerte ein sehr leichtsinniges Huhn völlig unbekümmert das Gleis. Die letzten Meter allerdings in flatternder Gangart, denn sonst wäre es unter die Räder gekommen.

# DAMPFLOKS IM REISEZUGDIENST

Dampflokomotive – jedem Leser wird bei diesem Wort eine andere Maschine, eine andere Gattung oder Baureihe auch, einfallen, denn jeder hat seine Erinnerungen an seine „Lieblinge". Bilder wie die Anfahrt einer schweren Güterzuglok im Rangierbahnhof, wie das Keuchen einer Tenderlok in der Steigung oder die schnelle Vorbeifahrt einer Personenzugmaschine drängen sich uns in das Bewusstsein, dazu denken wir an den unnachahmlichen Geruch von Kohle und Öl im Lokschuppen. Unter all diesen Typen fasziniert die Schnellzugmaschine, wenn sie vor einem langen Wagenzug mit Höchstgeschwindigkeit daherkommt, noch immer am meisten. Das sind die Stars der Schiene gewesen; in ihrer Geschichte spiegelt sich eine ganze Ära wider.

Genauso wie sich kaum ein Betrachter dem Reiz dieser gewaltigen Maschinen entziehen kann, standen die großrädrigen Schnellzugdampflokomotiven schon immer im Mittelpunkt einer jeden Bahnverwaltung, aber auch des Publikumsinteresses. Auf ihre Konstruktion wurde schon seit jeher ein besonderer Wert gelegt, waren sie doch dazu ausersehen, Höchstleistungen bei der Beförderung schneller und

Zum Ende des Winterfahrplans 1974/75 wurde der Reisezugverkehr mit 012 auf der Emslandstrecke eingestellt, die letzten verbliebenen Maschinen ausgemustert. Am 30. Mai 1975 hatte die 012 081 die Ehre, den Eilzug E 2730 letztmalig mit Dampf zu befördern. Hier zu sehen in der tiefstehenden Abendsonne zwischen dem Bahnhof Ihrhove und dem Haltepunkt Steenfelde.

012 081-6

**Rechts und ganz rechts:** Neuenmarkt-Wirsberg am 23. Dezember 1972 frühmorgens bei eisigen 15 Minusgraden. Der aus Hof kommende Eilzug E 1648 war mit seiner Lokomotive 001 150 um 9.25 Uhr am Bahnsteig zum Halten gekommen. Es war völlig windstill, so dass die aus dem Kamin der Maschine kerzengerade in den Himmel ragende Rauch- und Dampfwolke sich als Schattenriss im Gegenlicht abzeichnete. Nach vier Minuten Aufenthalt legte der Meister eine Bilderbuchausfahrt hin, als er unter einem gewaltigen, den Himmel verfinsternden Rauchpilz mit krachenden Auspuffschlägen seinen Zug in Richtung Bamberg in Bewegung setzte.

**Unten:** Der von der Neubaukessellok 001 181 gezogene E 1648 donnerte an einem Sommermorgen des Jahres 1972 gegen 8.40 Uhr in der Nähe des Dorfes Fattigau über den Schienenstrang in Richtung Bamberg. Durch die Verwendung eines Teleobjektivs kommt die kraftvoll-bullige Form dieser schönen Hochleistungsmaschine besonders gut zur Geltung.

schwerer Reisezüge zu vollbringen. Gleichzeitig waren sie das Aushängeschild der Bahnverwaltungen. Bei ihrem Bau wurden Wirtschaftlichkeit, Stärke, Geschwindigkeit, Zuverlässigkeit und nicht zuletzt auch die Formgebung zu einer einmaligen Synthese verdichtet. Große Zugkraft verbunden mit überdurchschnittlicher Schnelligkeit – das waren die gegenläufigen konstruktiven Komponenten die von einer solchen Maschine gefordert wurden und die Lokomotivbauer oft genug vor große Probleme stellten. Grundsätzlich war bei den Entwürfen zu berücksichtigen, ob die Maschinen überwiegend auf Flachlandstrecken oder im Berg- und Hügelland eingesetzt werden sollten. Diese Frage entschieden sowohl die Achsfolge als auch die Größe der Treib- und Kuppelräder.

Zum Ende der 1960er-Jahre war der Einsatz von Dampflokomotiven im Reisezugdienst bereits sehr stark zurückgegangen. Zu Hunderten waren die Maschinen in den letzten zehn Jahren ausgemustert worden und der Strukturwandel gerade in diesem Bereich bereits sehr weit fortgeschritten. Der Dampfbetrieb vor Reisezügen fand schon lange nicht mehr flächendeckend, sondern nur noch in einigen inselartigen Reservaten und Randgebieten statt. In nur noch wenigen DB-Bahnhöfen konnte ein reges Treiben von Dampflokomotiven beobachtet werden. Denn im Gegensatz zum Güterverkehr, der immerhin noch 17,6 Prozent der Triebfahrzeugkilometer ausmachte, hatten die modernen Traktionen den Dampfbetrieb bereits ungleich stärker verdrängt. Besonders offenkundig wird der Strukturwandel, wenn man die Veränderungen im Planbedarf der Schnellzugdampflokomotiven betrachtet. 1959 wurden im Bereich der DB noch 306 Maschinen pro Tag benötigt, zehn Jahre später war der Bedarf auf nur noch 53 Lokomotiven gesunken. Bei den übrigen Reisezugmaschinen war der Rückgang zwar etwas weniger gravierend aber ebenfalls stark ausgeprägt. 1969 leisteten Dampfloks nur noch ganze 0,6 Prozent der jährlichen Triebfahrzeugkilometer im Schnellzugdienst, während die Dampftraktion bei den übrigen Reisezügen mit 3,4 Prozent vertreten war.

Auch bei der Konstruktion von Personenzuglokomotiven, die schon immer ein wenig im Schatten der großen Schnellzugmaschinen standen, mussten viele völlig entgegengesetzte Eigenschaften berücksichtigt werden. So mussten sie auch schwerere Züge mit häufigen Halten gut beschleunigen können und nebenbei eine relativ große Höchstgeschwindigkeit erreichen, um die Fahrtzeit zu begrenzen. Ohne Kompromisse waren solche Forderungen fast nie zu realisieren.

Zu den wichtigsten im Jahr 1970 noch verbliebenen Zentren dampfgeführter Reisezüge im Bereich der DB gehörte zweifellos der Bahnhof Hof in Oberfranken. Denn hier nahmen sehr viele Dampfzugleistungen ihren Ausgang oder endeten hier. Allen voran die letzten Exemplare der berühmten Baureihe 001, die praktisch alle hochwertigeren Leistungen auf der Strecke nach Bamberg mit Befahrung der berühmten „Schiefen Ebene" zwischen Neuenmarkt-Wirsberg und Marktschorgast, zum Teil auch in Richtung Regensburg bespannten. Hinzu kamen zahlreiche, im Personenzugdienst verwendete Loks der Baureihe 050. Bis auf einen eintägigen Umlauf nach Regensburg, der mit den vier letzten verbliebenen Reservemaschinen bestritten wurde, endeten zu Beginn des Sommerfahrplans 1973 die Planeinsätze der Baureihe 001. Die noch in Hof stationierten 050er durften bis Ende 1974 weiterhin einige Reisezüge bespannen, bevor die letzten Lokomotiven nach Lehrte abgegeben wurden. Kaum noch nennenswert waren die Einsätze der leichten Schnellzug-Baureihe 003 des Bw Ulm. Die wenigen übriggebliebenen Exemplare fuhren bis 1972 nach Crailsheim und an den Bodensee nach Friedrichshafen. Nicht viel anders war es um die kohlegefeuerte $01^{10}$ des Bw Rheine – ab 1968 als Reihe 011 bezeichnet – bestellt. Einige wenige Maschinen retteten sich betriebsfähig, vorwiegend auf Reserve gestellt, sogar noch bis in das Frühjahr 1973. Generell muss gesagt werden, dass viele der Schnellzugmaschinen immer häufiger mit leichten, in Anbetracht ihrer Größe unwirtschaftlichen Personenzugleistungen vorlieb nehmen mussten, die sie in keiner Weise auslasteten.

**Unten:**
Die 01-Lokomotiven mit Neubaukessel wurden vom Bw Hof bevorzugt auf der weniger steigungsreichen Strecke nach Weiden bzw. Regensburg eingesetzt. Auf diesem Bild beschleunigt die 001 131 ihren kurzen Personenzug P 3215 an einem Julimorgen des Jahres 1972 um 5.39 Uhr aus dem Bahnhof Martinlamitz.

Unter einer beeindruckenden Abdampfwolke prescht die 001 131 mit etwa 120 km/h mit dem E 659 zwischen Untersteinach und Neuenmarkt-Wirsberg in Richtung Hof dahin. Auf dieser kurz nach den Weihnachtstagen des Jahres 1972 entstandenen Aufnahme ist auf dem Tender die Kreideaufschrift „Frohes Fest" zu erkennen, früher eine schöne Sitte der Personale und Schuppenmänner, die zu solchen Anlässen gepflegt wurde. Heute sind solche Verschönerungen ausgestorben.

Ganz anders verhielt es sich mit der ölgefeuerten Schnellzuglok der Baureihe $01^{10}$ (012), die auf einigen Strecken im Norden Deutschlands noch ziemlich unentbehrlich war. Nachdem mit der Elektrifizierung der Rollbahn Osnabrück – Hamburg ihre letzte Domäne im schweren Hauptbahndienst zum Winterfahrplan 1968 verloren gegangen war, wurden die nun nicht mehr benötigten Lokomotiven dieser einstmaligen DB-Paradelok zum Einsatz im Reisezugdienst den Bahnbetriebswerken Hamburg-Altona und Rheine zugeteilt. Besonders auf der langen Strecke der nach Westerland auf Sylt führenden Marschbahn konnten die rasanten Maschinen bis zum Beginn des Winterfahrplans 1972/73 in knappen Fahrplänen vor schweren Schnellzügen noch einmal zeigen, was wirklich in ihnen steckte. Diese Dienste waren die letzten Reisezugleistungen, die der Größe dieser Baureihe wirklich angemessen waren. Der letzte Einsatzraum der 012 war die von Münster bis zur Nordseeküste führende Emslandstrecke. Hinsichtlich der Zuggewichte und des Streckenprofils war diese Linie eher unspektakulär. Hinzu kam, dass die erlaubte Maximalgeschwindigkeit auf dieser Strecke 120 km/h nicht überschritt. Andererseits nahmen die Lokomotiven hier fast eine Monopolstellung im Reisezugverkehr ein und konnten mit schwerem Heizöl der nahen Raffinerie Wintershall (damals war dies noch ein Abfallprodukt) gut versorgt werden. Zum 1. Juni 1975 schließlich gingen die letzten sechs Maschinen aufs Altenteil und wurden durch Oldenburger 220 ersetzt.

Bleibt zum Schluss noch über die Personenzug-Baureihen 023 und 038 zu berichten. Die zwischen 1950 und 1959 in 105 Exemplaren an die DB gelieferten 023 waren ursprünglich als Ersatz für die mittlerweile in die Jahre gekommene Baureihe 038 (preußische P 8) gedacht. Die letzte neu gelieferte Lok dieser Baureihe, 23 105, war die allerletzte von der DB neu in Dienst gestellte Dampflok überhaupt. Ende der 1960er-Jahre waren ihre Einsatzbereiche die Bw Saarbrücken, Kaiserslautern und vor allem Crailsheim. Sie überlebte die alten Preußinnen nur kurz, denn zum Ende der Dampfzeit wurde bei anstehenden Fristen auf das Alter einer Lokomotive kaum noch Rücksicht genommen. Mit Ablauf des Sommerfahrplans 1975 gab das Bw Crailsheim auch den letzten Umlaufplan mit Einsatzschwerpunkt Lauda auf. Größte Popularität erlangte die BD (Bundesbahndirektion) Stuttgart als letztes Rückzugsgebiet der preußischen P 8 und T 18 (Baureihe 078). Schließlich bildeten ab Frühjahr 1974 drei vom Bw Freudenstadt eingesetzte Preußenloks eine einmalige Attraktion. Bis Ende September 1974 teilte man sich mit einigen 050ern die verbliebenen Leistungen im Großraum Horb – Rottweil – Freudenstadt. Erst am 30. Dezember 1974 leistete 038 772 ihren allerletzten Planeinsatz vor einem Personenzug der DB.

Bei der Deutschen Reichsbahn der DDR zog sich das Ende des Dampfbetriebs vor Reisezügen noch um einiges länger hin. Zwar verschwand die noch 1965 mit 550 Einheiten in den Bestandslisten vorhandene Baureihe 38 [10] (preuß. P 8) bereits 1972 und damit sogar eher als bei der DB. Auch der Neubaulok der Baureihe 23 [10] ging es fast zeitgleich mit ihrer DB-Schwester, der Baureihe 23, an den Kragen. In der Mehrzahl waren sie bereits 1976, nur ein Jahr später als die DB-Maschine, von den Reichsbahngleisen verschwunden. Ende der 1970er-Jahre war auch für die Baureihen 64 und 65 [10] Schluss. Unerwartet lange hielten sich die Reichsbahn-Pacifics im Einsatz. Dies sicher nicht nur der Not gehorchend, sondern auch durch das sprichwörtliche Traditionsbewusstsein vieler DR-Dienststellen und durch das Fehlen der bekannten Bundesbahn-Bürokratie begünstigt. Denn bei der DR gab es kein verordnetes Dampflokfahrverbot wie seit dem 26. Oktober 1977, an dem bei der DB der letzte Dampfzug fuhr und es tags darauf strikt verboten war, mit solchen Triebfahrzeugen auf DB-Gleisen zu fahren. 1970 befanden sich bei der Reichsbahn immerhin noch 152 Schnellzugloks im Bestand, der sich binnen zehn Jahren allerdings auf 56 verringern sollte. Trotz alledem konnten die letzten Schnellzugrenner der DR noch bis Anfang der 1980er-Jahre, ganz zum Schluss auf der Saalebahn und teilweise sogar noch in hochwertigen Reisezugdiensten, bewundert werden. Bis 1982 aber war es auch bei der DR mit dieser Herrlichkeit vorbei.

**Seite 18/19:**
Mit geöffneten Ölbrennern und Reglern, eine gewaltige Qualmwolke ausstoßend, passiert die 012 082 mit dem D 734 den Standpunkt des Fotografen in der Nähe der Blockstelle Hanekenfähr südlich von Lingen. Nach dem dortigen Halt musste die Maschine ihren Schnellzug erst wieder in Fahrt bringen.

**Unten:**
Im Abendlicht kurz vor dem Jahreswechsel 1972/73 keuchte die Altbaukessellok 001 168 mit den fünf vierachsigen Reisezugwagen des E 659 am Haken ohne Schubhilfe über die „Schiefe Ebene“. Lange bevor der Zug aus dem Wald heraustrat, war der harte Auspuffschlag der 01 schon zu hören und die aufsteigende Dampfwolke zu sehen. Nur noch ein kurzes Stück hat die Maschine auf der Steigung vor Marktschorgast zurückzulegen, dann ist die gefürchtete Rampe wieder einmal bezwungen.

012 082-4

# Mit Dampf an die Nordsee – Eine Zugfahrt mit dem D 735

*Im Frühjahr 1975 stand der Dampfbetrieb vor Reisezügen nicht nur im Emsland, sondern im gesamten Bereich der Deutschen Bundesbahn unmittelbar vor dem Aus. Die allerletzten für diese Dienste in dieser Region zuständigen Schnellzugdampfloks der Baureihe $01^{10}$ – seit der 1968 erfolgten Umstellung auf das EDV-gerechte Nummernsystem als 012 bezeichnet – reichten mit ganzen acht betriebsfähigen Maschinen kaum aus, um sämtliche Reisezüge auf dieser Strecke zu bespannen. Immer häufiger fand man daher zur Personalschulung eingesetzte Dieselloks der Baureihe 220, aber auch Mehrzweckdampfloks der Reihe 042 vor den auf der Emslandstrecke verkehrenden Zügen. Die letzten der 012 anvertrauten Starleistungen waren das Zugpaar D 734/D 735. Sie bestanden aus jeweils zehn Reisezugwagen. Das entsprach einem Wagenzuggewicht von etwas mehr als 400 Tonnen – für die starken ölgefeuerten Dreizylindermaschinen nichts Außergewöhnliches. Noch vor nicht allzu langer Zeit hatten diese Drillingsloks auf der Rollbahn schwerste Schnellzüge befördert und sich zuletzt auf der Marschbahn bis zu 16 vierachsige Reisezugwagen zugemutet, die auch klaglos befördert wurden. Das war nun endgültig vorbei; jetzt zum Ende durfte man in dieser Beziehung nicht mehr besonders wählerisch sein. Zusammen mit dem leichteren, regulär nur aus sechs Vierachsern bestehenden Zugpaar D 714/D 715 waren dies die letzten dampfgeführten Schnellzüge nicht nur bei der Deutschen Bundesbahn, sondern überhaupt in ganz Westeuropa.*

Die Dreizylinder Schnellzugdampflok 012 055 im Bahnhof Norddeich wartet auf ihre Rückleistung nach Rheine; aufgenommen im März 1975.

Nach dem Halt im Bahnhof Meppen hat am 14. Oktober 1973 die Lok 012 100 mit dem D 735 diesen hinter sich gelassen und befördert den Zug auf dem leicht ansteigenden Streckenabschnitt in Richtung der Blockstelle Hemsen.

*Die mächtige 012 war für mich Anfang der 1970er-Jahre, seit ich sie 1969 das erste Mal im Raum Hamburg-Altona erlebt hatte, der uneingeschränkte Star auf den Schienensträngen der DB. Allein das Donnern der schweren Dreizylinderloks konnte mich in Begeisterung versetzen oder mir schlaflose Nächte bereiten. Seit dem Frühjahr 1973 war ich dabei, einen ausführlichen Super-8-Film von den Einsätzen meiner geliebten Baureihe auf der Emslandstrecke zu drehen. Was mir noch fehlte, waren Szenen vom Führerstand während der Fahrt, also von Lokführer und Heizer bei ihrer Arbeit auf den Maschinen.*

*Für Mitfahrten betriebsfremder Personen im Führerstand war eine ausdrückliche Genehmigung der DB vorgeschrieben. Außerdem musste ein maschinentechnischer Begleiter bei der Mitfahrt zugegen sein. Anfang der 1970er-Jahre erfüllten aber manche verständnisvolle Lokführer diesen Traum auf dem kleinen Dienstweg – manchmal sogar tagsüber. Die Region war zu der Zeit noch nicht so stark von Fotografen überlaufen und wenn man den Meister höflich und so unauffällig wie möglich fragte, durfte man schon mal – möglichst in einem unbeobachteten Moment – ganz schnell ins „Allerheiligste" klettern. Das brachte mir des Öfteren Mitfahrten, vor allem auf der Zuglok des Postzuges E 14105, aber auch auf anderen*

Am Nachmittag des 17. Juni 1972 befördert die 012 060 den schweren Saisonschnellzug D 1335 mit 44 Achsen nördlich von Rheine in Richtung Küste. Die Dreizylindermaschine befand sich noch in der Beschleunigungsphase und zog mit dröhnendem Auspuff am Fotografen vorbei.

*Zügen auf meist kürzeren Abschnitten, ein. Diesen in Münster eingesetzten Zug – Münster ab 3.39 Uhr über Rheine ab 4.15 Uhr an Norddeich-Mole um 7.16 Uhr – benutzte ich regelmäßig zur Anreise ins Emsland. Es war das Größte, hinter dem Lokführer zu stehen, ihm über die Schulter zu schauen, den unnachahmlichen Geruch auf der Lok zu inhalieren und unter den Füßen die rüttelnden, stampfenden Bewegungen der Maschine zu spüren. Aber zum Filmen und Fotografieren war es um diese Uhrzeit noch zu dunkel. Ab 1973 wurde es zunehmend schwieriger, einen Platz auf den Führerständen zu ergattern. Dies ging allenfalls noch in der Dunkelheit. Tagsüber traute sich kaum ein Lokführer mehr, einen „Dritten" – so die amtliche Bezeichnung – auf den Führerstand zu lassen. Die Gefahr, dass dieses unerlaubte Tun möglicherweise an die vorgesetzte Heimatdienststelle weitergemeldet wurde und für die betroffene Besatzung zu disziplinarischen Maßnahmen führte, war zu groß. Eine am Wochenende des 10./11. August 1973 auf dem so genannten „Obergefreitenweg" auf der 012 063 erlangte Fahrt von Rheine nach Emden und zurück bildete dabei eine der wenigen Ausnahmen. Um doch noch einmal in den Genuss einer Tagesmitfahrt von Rheine nach Norddeich Mole und zurück zu kommen, wollte ich nichts dem Zufall überlassen. Deshalb richtete ich eine schriftliche Eingabe an die DB-Hauptverwaltung in Frankfurt. Am 18. Dezember 1974 informierte mich die zuständige Pressestelle der Bundesbahndirektion (BD) Hannover, dass dieser Fahrt, wie man schrieb „ausnahmsweise" stattgegeben worden sei. Damit ging kurz vor dem unausweichlichen Betriebsende dieser Baureihe mein Wunsch doch noch in Erfüllung. Einzig zum Filmen brauchte ich gutes Wetter mit Sonnenschein.*

*Am 27. März 1975 war es dann so weit. Während meiner Ostersemesterferien 1975 hatte ich mich für zehn Tage*

Am 28. Mai 1975, nur wenige Tage vor seinem letzten Einsatz, wurde der D 735 mit seiner Lokomotive 012 100 in voller Fahrt zwischen den Bahnhöfen Lathen und Kluse abgelichtet.

Am 29. Juli 1971 war die 012 084 mit dem Bädersaisonzug D 1337 auf ihrer Fahrt zur Nordseeküste nördlich von Lingen unterwegs. Dieser an Werktagen verkehrende Zug wurde damals noch ab Münster (Abfahrt 8.39 Uhr) mit einer 012 bespannt. Nach kurzem Halt in Rheine lief er ohne Zwischenstopp bis Leer durch.

in Mehringen bei Leschede einquartiert. Während dieser Zeit musste die Aktion ablaufen, denn bis ich wieder Ferien hatte, würden die 012 nicht mehr im Dienst stehen. Dank des guten Wetters konnte ich am Sonntag, dem 23. März zunächst meine noch notwendigen Filmsequenzen im Bw Rheine vollenden. Gleichzeitig legte ich den Termin meiner Mitfahrt auf Donnerstag, dem 27. März fest. Hoffentlich hielt das gute Wetter bis dahin. Als ich aber an besagtem Tage morgens schon sehr früh mit dem Personenzug nach Rheine fuhr, war die Wetterlage alles andere als rosig. Der Himmel war stark bewölkt und es war so dunkel, dass ich schier hätte verzweifeln können. Was sollte ich machen? Den Termin verschieben konnte ich auf keinen Fall. Auch mein DB-Begleiter war bereits eingeteilt. Außerdem – nur noch zwei Monate würden die Maschinen fahren und so galt es die Chance wahrzunehmen. Also Augen zu und durch, vielleicht besserte sich die Lage ja doch noch. Im Bw meldete ich mich auf der Lokleitung und zahlte die notwendige Haftpflichtversicherungsprämie von genau 2,78 DM. Hier erfuhr ich, dass heute die 012 055 den D 735 nach Norddeich-Mole fahren sollte. Eine Rheiner Mannschaft – ein Oberlokführer und ein noch sehr junger Reservelokführer als Heizer – waren eingeteilt. Der maschinentechnische Begleiter war ein sehr freundlicher Hauptlokführer von der gleichen Dienststelle. Kaum hatte ich den geschlossenen Führerstand erklommen, nahm mich die nur auf einer ölgefeuerten Dampflok herrschende, unverkennbare Atmosphäre gefangen. Dazu die dumpf wummernden Brenner und der Geruch nach heißem Öl. Mit vier Mann war es schon ein wenig eng auf der Maschine. Gegen 10 Uhr ging es rückwärts auf die Drehscheibe. Vorsichtig öffnete der Meister den Regler, Zylinderhähne auf und unter lautem Zischen setzte sich die Maschine in Bewegung. Um 10.20 Uhr meldete der Meister seine Lok an der gelben Sprechsäule ab und rollte langsam in Richtung Bahnhof. Für etwa 20 Minuten bezogen wir Warteposition im Gleisvorfeld an der Straßenbrücke. Pünktlich um 10.52 Uhr rollte der von einer 110 gezogene, aus Köln kommende D 735 an den Bahnsteig. Die Ellok wurde abgekuppelt und umgesetzt, die Fahrstraße für uns gelegt. Jetzt wurde es Ernst! Unter grellem Zischen fuhr die 012 rückwärts an den Zug. Ankuppeln, Bremsprobe und Warten auf den Abfahrauftrag. Die Garnitur bestand aus der üblichen Last von zehn Reisezugwagen mit 40 Achsen und 418 Tonnen Wagenzuggewicht. Zusammen mit der 177 Tonnen schweren Lok vermeldete der Bremszettel ein Gesamtzuggewicht von 595 Tonnen.

Mit etwa 120 km/h durchfuhr 012 055 mit dem D 735 den Abschnitt Salzbergen – Leschede in der Nähe der Blockstelle Mehringen. Die kalte Witterung um die Mittagszeit des 10. Februar 1975 begünstigte die gute Dampfentwicklung der Lokomotive.

Etwas abgesetzt von den wieder zahlreich auf dem Bahnsteig befindlichen Fotografen wartete ein Herr mittleren Alters, trat an den Führerstand heran, zückte einen Ausweis und wollte mitfahren. Ausgerechnet ein Lehrlokführer aus Osnabrück, der sich die ausgeleierten 012 einmal in natura ansehen wollte. Denn in der Vergangenheit hatte es in den 012-Diensten vermehrt Zuglaufstörungen in Form von Verspätungen oder sogar Abspannern durch technische Defekte gegeben. So ein Mist aber auch – jetzt mit fünf Mann wurde es noch enger auf der Maschine! Musste das denn gerade heute sein? Ich muss aber sagen, dass sich die anfangs gehegten Befürchtungen zum Glück nicht bewahrheiteten. Alle Anwesenden verhielten sich sehr rücksichtsvoll, so dass mein Filmen nur wenig behindert wurde. Allerdings war es durch die Anwesenheit des Lehrlokführers natürlich nicht drin, vom Platz des Meisters aus auf die Strecke zu filmen. Fast immer blieben mir nur die beiden Tenderbrücken übrig. Auch den Platz des Heizers – es war ein etwas sonderbarer Geselle, der seine offensichtliche Unsicherheit durch einen Anflug von Arroganz zu überspielen versuchte – durfte ich nur höchst selten einnehmen.

Es wurde eine Fahrt mit Hindernissen. Durch Gleisbauarbeiten verzögerte sich die Abfahrt in Rheine ganz erheblich. Die Ausfahrt Hp 2 stand bereits. Ungeduldig lehnte der Meister aus dem Fenster und schaute nach hinten in Richtung Zugführer. Endlich um 11.17 Uhr – mit 16 Minuten Verspätung – war ein Pfiff zu hören. Der Meister drehte sich wieder herein. Ein knappes „Uuund ab!“ zu seinem Heizerkollegen auf der linken Seite. Steuerung vorgekurbelt, Griff zum Regler. „Sssssccchhhhuuuuffff – sssscchhhuuuffff – ssscchhuuff – sscchhuuff – sschuff – schuff – schuff“ Regler etwas beigezogen, als die Lok kurz zum Schleudern ansetzte, Steuerung leicht zurück, Sand. Nach einer Radumdrehung hatte sich der Stahlkoloss wieder gefangen. „Ssssschchch – sssschchch – sssschchch“ kurz die Zylinderhähne auf, damit evtl. vorhandenes Kondenswasser ausströmen konnte. „Tschuuh – tschu – tschu – tschuuh – tschu – tschu … tschuuh – tschu – tschu – tschuuh – tschu – tschu“ zog die Lok im Dreivierteltakt kraftvoll an. An der dem Bahnhof Salzbergen vorgelagerten Blockstelle Deves gab es einen weiteren unplanmäßigen Halt von zehn Minuten. Wieder waren Gleisbauarbeiten der Grund. Dann Weiterfahrt auf Befehl. Die fotografische Begegnung mit dem aus der Gegenrichtung zu erwartenden D 715 in voller Fahrt konnte ich in den Wind schreiben. Denn der stand natürlich schon in Salzbergen.

Plötzlich – ich wollte meinen Augen nicht trauen – riss die bis dahin geschlossene Bewölkung auf und die Sonne strahlte vom blauen Himmel herab. Endlich konnte mein Filmprogramm anlaufen. Zwar leicht wechselnd bewölkt, aber überwiegend sonnig blieb das Wetter nun auf der ganzen Hinfahrt. Weiter im Norden hatten wir sogar einzelne Schneeschauer, also ein typisches Aprilwetter. Wegen den starken Erschütterungen auf der Maschine waren Filmaufnahmen aus der Hand nahezu unmöglich. Deshalb benutzte ich für diesen Zweck schon seit längerem ein kleines Dreibein-Taschenstativ. Dieses musste ich mit der linken Hand mit aller Kraft gegen die Seitenscheibe des Führerstandes drücken, während ich mit der rechten den Abzugshebel der aufgeschraubten Kamera durchzog. Ab 100 km/h aufwärts wurde es ungeheuer schwer, das Gerät bei der rüttelnden und tobenden Maschine ruhig zu halten, so dass ein gewisser Ausschuss durch Verwackeln einzukalkulieren war.

Obwohl ich mich voll auf die Filmarbeit konzentrieren musste, bekam ich am Rande mit, dass auf der Maschine nicht alles so lief, wie es sollte. Die Lok machte schlecht Dampf und kam nie über 110 km/h. Bei 12 atü Kesseldruck war Schluss. Was war die 055 doch früher für eine gute

Nicht weit vom Bahnhof Leschede entfernt durchquerte die heutige Museumslokomotive 012 100 im Oktober 1973 mit dem D 735 die bewaldete Landschaft.

Hier wurde dem Meister bei etwa 110 km/h irgendwo zwischen Leer und Emden über die Schulter geschaut.

*Maschine gewesen, denn als ich zuletzt am 24. August 1974 zwischen Rheine und Emden auf dieser Lok mitfuhr, hatte sie vor dem E 2733 einige Minuten Verspätung durch zügige Anfahrten herausfahren können. Vor allem der junge Heizer wurde sichtlich nervös, zumal der Lehrlokführer grundlos zu nörgeln begann. Es herrschte ein ziemlich angespanntes Klima. Obgleich ich Diskussion und Argumenten nicht in allen Einzelheiten folgen konnte, bekam ich mit, dass es dem Meister schließlich doch gelang, den Osnabrücker Kontroller davon zu überzeugen, dass die schlechte Leistung nicht auf fehlerhafte Bedienung zurückzuführen war, sondern andere Ursachen hatte. Was genau der Lok fehlte, weiß ich leider nicht. Ich hatte auch nicht nachgefragt, als sich der Lehrlokführer nicht mehr auf der Maschine befand. Ganz offensichtlich trug die durch übermäßig ausströmenden Dampf sichtbare Undichtigkeit des linken Zylinders zu der verminderten Leistung bei. Das bei ölgefeuerten Lokomotiven in fast jeder Lage altbewährte Allheilmittel, den mitgeführten Marmeladeneimer mit Bremssand hervorzuholen und mit einem kleinen Teil des Inhalts bei voll aufgerissenem Regler die Rauchrohre durchzublasen, war angesichts des anwesenden Lehrlokführers leider völlig ausgeschlossen.*

*So musste man sich ohne dieses Hilfsmittel in Anspruch nehmen zu können, mehr schlecht als recht in Richtung Küste vorankämpfen, wobei man von Bahnhof zu Bahnhof stets Zeit zusetzte. Mit Geschwindigkeiten von maximal 110 km/h stampfte unser schwarzer Koloss durch das flache, von Wiesen und Kiefernwäldern gesäumte Flachland. Gegen 12.50 Uhr rollten wir in Leer ein. Trotz unserer Verspätung musste am Bahnsteig Wasser genommen werden. Da wir Verspätung hatten, musste es heute besonders schnell gehen. Auf den Meter genau brachte der Meister die Wasserklappe des Tenders am Wasserkran zum Stehen. Der Heizer sprang noch im Ausrollen von der Maschine, schwenkte den Gelenkwasserkran in Position und drehte wie ein Wahnsinniger am Handrad. Nach fünf Minuten ging es weiter in Richtung Emden. Als wir endlich am Ziel waren konnte man froh sein, dass unter den gegebenen Umständen die Fahrzeitüberschreitung einschließlich der verspäteten Abfahrt und des unplanmäßigen Halts bei Block Deves in Norddeich-Mole „nur“ + 35 Minuten betrug.*

*Es war jetzt 13.45 Uhr. Bis alle Reisenden den Zug verlassen hatten, vergingen weitere Minuten. Anschließend schob die Lok die Zehnwagen-Garnitur rückwärts zur Abstellung in den Bahnhof Norddeich. Dann Abkuppeln, Fahrt*

Auf der Fahrt in Richtung Küste musste die Lok 012 055 im Bahnhof Leer am Bahnsteig Wasser nehmen. Hier wird der Gelenkwasserkran zurückgeschwenkt.

*auf die Drehscheibe und von dort zur Untersuchungsgrube für die Nachschau. Ausreichend Zeit zum Wassernehmen war aufgrund der geringen Förderkapazität der Norddeicher Wasserzuleitung nicht mehr vorhanden, denn bereits um 15.09 Uhr musste die Maschine mit dem E 2730 wieder raus. Zuvor war ja noch der Eilzug am Molengleis rechtzeitig bereitzustellen. Der Wasservorrat wurde daher auf der Rückfahrt während des achtminütigen Aufenthaltes in Emden ergänzt.*

*Der Rest der Geschichte ist schnell erzählt. Der E 2730 bestand aus 28 Achsen (sieben Reisezugwagen) und hatte 248 Tonnen Zuggewicht. Wir kamen pünktlich auf die Strecke. Hocherfreut war man auf der Maschine, denn der Lehrlokführer hatte sich in einen der Reisezugwagen zurückgezogen. Offenbar reichte ihm die Hinfahrt bereits. Am schlechten Zustand der zur baldigen Ausmusterung anstehenden Maschinen konnte ja auch er nichts ändern. Nun war man wieder unter sich und konnte den Sandeimer hervorholen. Ganz sachte, damit der Lehrlokführer ja nichts mitbekam, legte der Meister die Steuerung weiter aus und erhöhte den Schieberkastendruck. Es wurde nur wenig Sand in das Kontrollloch der Feuerkastentür gestreut und dies mehrfach wiederholt. Der durch die Rauchrohre gejagte Sand besaß eine enorme Schmirgelwirkung und löste daher unverzüglich einen Teil der darin abgelagerten, den Wärmeübergang hemmenden Ölrußrückstände und drückte diese in Form einer pechschwarzen Qualmwolke durch den Schornstein der Maschine hinaus. Auf diese Weise wurden die Rohre in der zwischen Norddeich und Emden nur schwach besiedelten Landschaft in Etappen durchgeblasen. Die sonst übliche, von den sorgenvollen Blicken der Akteure begleitete verräterische Qualmwolke sowie das synchron dazu anschwellende Auspuffgeräusch, ließen sich durch die sparsame Dosierung des Sandes in Grenzen halten. Offenbar blieb dieses unerlaubte Tun dem Kontrolleur verborgen, denn sonst hätte es im Bahnhof Emden bestimmt ein Donnerwetter gegeben. Unsere Lok zog jetzt etwas besser, außerdem war der Plan des leichteren Eilzuges weniger angespannt. Bis Lathen hielt sich das Wetter noch so einigermaßen, danach trübte es schnell ein. Als wir um 17.42 Uhr planmäßig in Rheine einliefen, hatte der leicht verspätete, ebenfalls von 012 bespannte E 3265 gerade Ausfahrt. Es war so dunkel, dass man – zumindest mit meinem 15-DIN-Diafilm – kaum mehr etwas aufnehmen konnte. Trotzdem standen noch schätzungsweise 20 bis 25 Eisenbahnfreunde am Bahnsteigende und knipsten, was das Zeug hielt. Wie die Heuschrecken sprangen die Leute über die Gleise, so dass sich der Aufsichtsbeamte genötigt sah, über die Lautsprecheranlage durchzugeben: „Eisenbahnfreunde, bitte nicht die Gleise überschreiten!" Der Eisenbahntourismus nahm jetzt immer groteskere Formen an, denn es ging dem Ende zu.*

*Als ich am Bahnsteig müde von der Lok stieg, war ein ereignisreicher Tag mit 360 Kilometern Führerstand zu Ende gegangen. Gerade noch rechtzeitig, denn zwei Monate später waren alle Maschinen dieser Baureihe abgestellt, die Fahrt wäre also nicht mehr möglich gewesen.*

Der eingleisige, teilweise mit einer kleinen Halle überdachte Bahnhof Norddeich-Mole fungiert bis heute als Endpunkt der Emslandstrecke. Bis Ende Mai 1975 wurde diese Station noch planmäßig von Lokomotiven der Baureihe 012 angefahren. Hier ist 012 100 am 13. August 1974 zu sehen, die gerade mit dem D 735 vor dem Prellbock zum Halten gekommen ist.

**Oben:**
012 063 in voller Fahrt vor dem nur zur Sommersaison verkehrenden 44-Achsen-Schnellzug D 1737, aufgenommen im Sommer 1974 zwischen den Bahnhöfen Dörpen und Kluse.

**Rechts:**
Nur noch drei Tage! Unbeeindruckt von dem nahen Ende ihrer Planleistungen ziehen auch am 28. Mai 1975 die von 012 geführten Reisezüge ihre Bahn. Auf der Fahrt in Richtung Rheine bricht 012 063 gegen 10.45 Uhr mit dem Schnellzug D 715 in voller Fahrt aus dem südlich des Bahnhofs Kluse gelegenen Waldstück hervor.

**Ganz links:**
Am 14. Oktober 1973 war die Lok 012 068 ab Rheine für die Beförderung des E 1631 (Düsseldorf – Norddeich-Mole) zuständig. Hier verlässt der Zug gegen 8.52 Uhr im morgendlichen Gegenlicht den Bahnhof Meppen.

**Links:**
Der seit dem Sommerfahrplan 1974 unter der neuen Zugnummer E 3259 eingereihte frühere E 1937 verkehrte täglich zwischen Münster und Norddeich-Mole. An einem Dezembertag desselben Jahres legte die 012 063 in Lathen eine optisch beeindruckende Ausfahrt hin.

**Ganz links:**
Es ist 16.48 Uhr am regenverhangenen Abend des 22. Oktober 1974 im Bahnhof Lathen. Die 012 061, die an diesem Tage den E 2730 in Richtung Rheine befördert, setzt ihren Zug unter einer schwarzen Wolke des Abdampfes in Bewegung.

**Links:**
Bahnhof Lingen am 22. Mai 1974 morgens um 4.43 Uhr bei strömendem Regen. Die Lokomotive 012 061 schleudert bei der Ausfahrt kurz auf den nassen Schienen und stößt dabei eine schwarze Ölwolke kerzengerade in den Himmel.

**Unten:**
Im Frühjahr 1974 gab es am Bahnknoten Lauda noch regen Dampfbetrieb. Daneben hatte dieser Ort morgens um 7 Uhr die gleichzeitige Ausfahrt von zwei mit der Baureihe 023 bespannter Personenzüge zu bieten. Dabei ging der eine Zug nach Wertheim, der andere nach Würzburg. Früher war so etwas alltäglich – zu dieser Zeit aber gab es solch ein Schauspiel bei der Bundesbahn sicherlich kein zweites Mal mehr. Am 26. April 1974 konnte das Ereignis im Bild festgehalten werden.

**Seite 30/31:**
Auch für anfallende Sonderleistungen jeglicher Art wurden die Mehrzweckloks der Reihe 042 gerne verwendet. Am 12. Juni 1974 zog die 042 106 eine sehenswerte Garnitur aus elf Vorkriegs-Reisezugwagen auf dem Abschnitt von Lathen und Kluse in Richtung Nordseeküste.

**Bilder rechte Seite:**

**Oben:**
Die Mikadoloks der Baureihe 41 wurden schon seit jeher auch im Reisezugdienst verwendet, verfügten diese Maschinen aufgrund ihres kleineren Treibraddurchmessers doch über eine recht gute Beschleunigung. Dieses galt in besonderem Maße für die ölgefeuerte Variante 042. Hier ist die Lok 042 073 vor dem E 3260 am 27. Mai 1975 auf dem Abschnitt zwischen Lathen und Haren auf der Emslandstrecke zu sehen.

**Links Mitte:**
Beim Bw Saarbrücken beheimatete Personenzugloks der Baureihe 023 wurden im Reisezugverkehr bis 1972 auch auf der Moselstrecke Koblenz/Trier eingesetzt. Im Sommer 1969 überquerte eine unbekannt gebliebene, vor den P 2457 nach Trier gespannte Lok dieser Baureihe die Moselbrücke bei Eller.

**Links unten:**
Das Bw Crailsheim war eine Hochburg der Baureihe 023 und gleichzeitig die letzte Dienststelle, welche diese Maschinen beherbergte. Diese Lokomotiven bedienten nahezu den gesamten Reisezugverkehr in diesem Raum. Im Mai 1971 war die 023 046 mit einem Personenzug in Richtung Schwäbisch-Hall unterwegs.

**Rechts:**
042 308 vor einem Personenzug zwischen dem Haltepunkt Steenfelde und dem Bahnhof Ihrhove auf der Emslandstrecke im Frühjahr 1976. Die planmäßige V 100 war wegen eines Schadens ausgefallen, so dass der Zug – fast ein Jahr nach Ende des Dampfbetriebs vor Reisezügen – mit Dampf gefahren werden musste.

**Oben:**
Auch die Güterzuglokomotiven der Baureihe 50 mussten besonders zum Ende der Dampfzeit, als Universalmaschinen auch im Reisezugdienst häufig in die Bresche springen. Hier zieht die Hofer Lok 052 213 den Personenzug P 3215 im Mai 1973 gegen 5.35 Uhr auf der Strecke nach Regensburg in den sonnigen Morgen. Zug und Wiesen sind noch von Tau überzogen.

**Rechts:**
Wesentlich seltener hingegen wurde die schwere Güterzuglok 044 im Reisezugverkehr eingesetzt. Fast immer waren es vereinzelte Züge des Nahverkehrs, für die umlaufbedingt diese Maschinen verwendet wurden. Am 5. August 1975 bespannte die 044 596 des Bw Betzdorf den P 6588 in der Nähe von Kirchen/Sieg. Hier verlässt der Zug den Frensburger Tunnel.

**Oben und oben links:**
Kreuzung zweier Personenzüge im Bahnhof Mühlen an der Strecke Horb – Tübingen. Rechts im Bild muss die 052 733 mit dem P 4925 die Ankunft des P 4930 mit der Lok 051 559 abwarten, bevor sie ihre Fahrt in Richtung Tübingen fortsetzen kann.

**Ganz links:**
Unter einer mächtigen Qualmwolke ging Lok 051 725 mit dem P 6557 am frühen Morgen des 23. September 1974 im Bahnhof Neukirchen b.S.R. in Richtung Weiden an den Start.

**Links:**
Am 8. August 1974 wartet im gleichen Bahnhof der mit der Lok 053 063 bespannte P 6557 auf Ausfahrt.

**Oben:**
Infolge des 01-Mangels bespannten Lokomotiven der Baureihe 50 seit dem Sommerfahrplan 1972 den E 1655 auf dem Abschnitt Neuenmarkt-Wirsberg – Hof. An einem Julinachmittag des Jahres 1972 stellte die 051 057 die Verwendbarkeit dieser Baureihe auch vor schnelleren Reisezügen mit knapp bemessener Fahrzeit in der Nähe von Münchberg unter Beweis.

**Rechts:**
Ein typischer Zug des Berufsverkehrs war der P 6567 von Siegen nach Kreuztal. Am frühen Morgen des 25. September 1975 wartete der von der Lokomotive 050 904 bespannte Zug im Bahnhof Betzdorf auf Ausfahrt.

**Oben:**
Der um die Mittagszeit von Hof nach Lichtenfels verkehrende P 2826 hat am 15. Februar 1973 den Bahnhof Marktschorgast zur Talfahrt über die „Schiefe Ebene“ in Richtung Neuenmarkt-Wirsberg verlassen.

**Links:**
Zum Ende des Winterfahrplans 1974 ging es auch den letzten Personenzugtenderloks der Reihe 64 an den Kragen. Am 2. Mai 1974 war die Rauchkammeraufschrift „Letzte Fahrt“ auf der 064 491 im Bahnhof Schwenningen zu lesen. Die Maschine hatte den P 3911 nach Rottweil zu befördern.

**Oben:**
In den frühen 1970er-Jahren war das Bw Rottweil die letzte Einsatzstelle für die früher nach Tausenden zählenden, geradezu unverwüstlichen Personenzuglokomotiven der preußischen Gattung P 8 geworden. Als Anfang November 1973 diese Aufnahme der 038 772 vor dem E 1949 bei der Durchfahrt durch Altheim-Rexingen entstand, gab es bei der DB noch ganze drei Stück von ihnen.

**Rechts:**
Zu den wichtigsten Leistungen der P 8 zählten die Fahrten von Freudenstadt nach Hausach durch das landschaftlich schöne Kinzigtal. Hier wurde die 038 772 im November 1973 mit dem P 3977 bei ihrem kurzen Halt im Bahnhof Schiltach fotografiert.

**Oben:**
Am Morgen des 15. August 1973 machte 038 382 vor dem Personenzug P 3924 auf der Fahrt nach Tübingen in der Nähe von Mühlen am Neckar kräftig Dampf.

**Links:**
Auch für die Personenzugtenderloks der Baureihe 78 (preußische T 18) wurde die BD Stuttgart zur letzten Heimat. Am 29. April 1974 verlässt die 078 246 als die letzte ihrer Art vor dem P 3937 (Horb – Rottweil) den Bernbergtunnel und wird in wenigen Sekunden in den unmittelbar darauf folgenden Tiersteintunnel einfahren.

**Oben:**
Oftmals konnten reizvolle Stimmungsaufnahmen von Dampflokomotiven bei Dunkelheit mit Hilfe des Stativs eingefangen werden. Am frühen Morgen des 2. Januar 1974 wartet die 078 246 vor dem P 3924 auf Ausfahrt im Bahnhof Rottweil.

**Rechts:**
Am 4. Januar 1974 wartete 038 382 im Bahnhof Rottweil, um den P 3918 zu befördern.

**Rechte Seite:**
Hier ist es eine im Personenzugdienst eingesetzte Güterzuglok der Baureihe 50, die zu frühmorgendlicher Stunde in Rottweil auf Ausfahrt wartet.

# Die Dampflok im Güterzugdienst

Obwohl die Bemühungen der Deutschen Bundesbahn, ihren Loks das Rauchen abzugewöhnen, gegen Ende der 1960er-Jahre schon sehr weit fortgeschritten waren, erbrachten die verbliebenen Maschinen dieser Bahnverwaltung immerhin noch rund 10 Prozent der Triebfahrzeugkilometer. Insbesondere im Reisezugdienst, aber auch auf den meisten Hauptstrecken war die Dampflok von der modernen Konkurrenz allerdings schon weitgehend verdrängt worden, der Strukturwandel also bereits weit fortgeschritten.

Um einiges günstiger war es um die Dampflok im Güterzugdienst bestellt, zumal die DB in diesem Segment fast ausnahmslos auf leistungsstarke, zum Teil ölgefeuerte Maschinen zurückgreifen konnte. In der Vergangenheit konnten die Bestände der für untergeordnete Aufgaben wie Verschub- und Rangierdienste benötigten leistungsschwächeren Dampflokomotiven stark reduziert werden. Für diese Tätigkeiten standen mittlerweile genügend Dieselloks zur Verfügung. Dieses konnte man von den schweren Dampflokomotiven mit Schlepptender nicht

Auf der Sollingstrecke an der Weser bei Karlshafen. Am Nachmittag des 17. Juli 1975 donnerte die 044 381 mit ihrem langen Dg 53849 mit etwa 80 km/h über den Schienenstrang und ist dabei, für die bevorstehende Bergfahrt Schwung zu holen. Der schwarz qualmenden Maschine war es anzusehen, dass der Heizer für diesen Zweck bereits tüchtig Kohle aufgelegt hatte.

sagen, denn diese waren auf den nicht elektrifizierten, oftmals steigungsreichen Hauptstrecken für die DB derzeit noch weiterhin unverzichtbar. Einen adäquaten Ersatz in Form leistungsstarker Dielselloks gab es nämlich noch in viel zu geringer Zahl. So blieb in diesen Bereichen der Einsatz von Dampflokomotiven die einzig mögliche Alternative. Insgesamt bleibt festzuhalten, dass sich im Gegensatz zu den leichteren Dampfloktypen die schweren Schlepptendermaschinen Ende der 1960er-Jahre in ungleich größeren Stückzahlen im Bestand befanden. Von den 57 Bahnbetriebswerken, bei denen zum Stichtag des 31. Dezember 1969 noch Dampfloks stationiert waren, verfügten allein 17 über Lokomotiven der Baureihe 044 mit 267 Einheiten und sogar 49 über die aufgrund ihres geringen Achsdrucks von 15 t universell einsetzbaren 050, die mit 908 Maschinen zu Buche schlugen. Hinzu kamen die ölgefeuerten und hoch belastbaren Lokomotivbaureihen 042 mit 36 Stück und 043 mit 30 Exemplaren.

Hinzu kam, dass Ende der 1960er-Jahre die Wirtschaft in der Bundesrepublik wieder an Fahrt gewann, also ein rasanter Aufschwung einsetzte. Die gute Auftragslage der Unternehmen hatte auch für die DB einen starken Verkehrsaufschwung und eine erhebliche Zunahme der Betriebsleistungen zur Folge. Plötzlich und völlig unerwartet musste die DB einen großen Lokomotivmangel vermelden. Dies betraf vor allem den Güterverkehr. So stieg zum Sommerfahrplan 1970 der laufplanmäßige Bedarf im schweren Güterzugdienst mit Dampflok von bisher 556 auf 612 Maschinen – und das bei

**Rechts:**
Dichter Frühnebel lag am 28. Februar 1976 über der Emslandstrecke, als die ölgefeuerte Mikadolok 042 095 mit dem Ganzzug 77250, der mit einigen hundert fabrikneuen Pkw VW „Golf" beladen war, mit mächtiger Dampfentwicklung in der Nähe des zwischen Leschede und Elbergen gelegenen Schrankenpostens 227 vorbeifuhr.

Die ölgefeuerte 042 113 des Bw Rheine passierte mit ihrem Autotransportzug Gdg 77250 am 18. Oktober 1975 bei stark diesigem Wetter eine Gleisbaurotte zwischen den Bahnhöfen Lathen und Kluse.

zunehmender Anhängelast. Hinzu kam ein erheblicher zusätzlicher Lokbedarf für Sonderleistungen. In dieser Fahrplanperiode verrichten noch 64 schwere Güterzugmaschinen planmäßig Laufleistungen von mehr als 400 Kilometern pro Betriebstag. Hieran waren lediglich vier Loks der Baureihe 050 (Bw Schweinfurt) beteiligt; alle anderen erbrachte die Baureihe 044. An der Spitze befanden sich 14 Loks des Bw Ehrang sowie fünf Emdener Maschinen mit bis zu 489 km am Tag. In diesen anspruchsvollen Umlaufplänen wurden die Lokomotiven weiterhin hart herangenommen, was nur mit einwandfrei unterhaltenen Maschinen störungsfrei zu gewährleisten war.

Um diesen Engpass zu überbrücken, blieb der Bundesbahn als einzig mögliche Alternative nur übrig, den Fehlbestand durch Dampflokomotiven zu decken. Kurzfristiger Nachschub neu anzuliefernder Diesel- und Elloks war in dem benötigten Umfang nicht zu erwarten. Hatte man bisher Dampfloks recht verschwenderisch ausgemustert, sah man sich nun veranlasst, bereits seit Jahren abgestellte Maschinen wieder zu reaktivieren und dem Unterhaltungsbestand wieder zuzuführen. Mit dem Ergebnis, dass die DB allein bis 1970 einen Zugang von fast 250 Dampflokomotiven vermelden konnte. 1969 war die Ausmusterung von Triebfahrzeugen mit 472 gegenüber 752 – diese gehörten natürlich überwiegend der Dampftraktion an – erheblich unter denen des Vorjahres geblieben. Umfasste der Dampflok-Unterhaltungsbestand im Jahr 1968 nur noch 1421 Maschinen, so stieg dieser bis zum Oktober 1969 auf 1550 und bis zum Juni 1970 noch um weitere 105 Loks auf 1655 Fahrzeuge. Dies reichte jedoch nicht aus und aus Mangel an Lokomotiven kam es teilweise zu erheblichen Bespannungsverzögerungen sowie betrieblichen Behinderungen im Güterverkehr. Die Ausbesserungswerke kamen mit der erneuten Aufarbeitung der zahlreichen abgestellten Loks – meist war der Mangel an Ersatzteilen der Grund – einfach nicht nach.

Der zwischen Wetzlar und Emden verkehrende Leerzug Gdg 57955 hatte besondere Verkehrstage, die sich nach dem Erzabfuhrprogramm richteten. Am 23. März 1975 fuhr der mit der 042 106 bespannte Zug schon in aller Frühe durch den Bahnhof Leschede unter einer beeindruckenden Wolke aus Rauch und Dampf.

Dadurch wurde der Traktionswechsel deutlich gebremst, was die gesamte Ablösung der Dampftraktion – sehr zum Leidwesen der Bundesbahn-Chefetagen, die bereits ungeduldig darauf gewartet hatten, sich dieser „alten rußigen Qualmkästen" schnellstmöglich entledigen zu können – um Jahre verzögerte. Teilweise mussten bereits eingeleitete Maßnahmen rückgängig gemacht werden. So durfte die Dampflok kurz vor ihrem unausweichlichen Ende noch einmal als Retter in der Not in die Bresche springen.

**Rechts:**
Am 22. Mai 1975 zwischen den Bahnhöfen Ihrhove und Leer fotografiert wurde der von Lok 042 202 gezogene Ganzzug Gdg 75713.

Neben den hauptsächlich zur Beförderung der schweren Erzzüge im Emsland und bis 1973 auf dem Abschnitt Paderborn – Kassel eingesetzten ölgefeuerten Maschinen der Reihe 043, kam den kohlegefeuerten Loks der Baureihe 044 allein schon stückzahlmäßig eine besondere Bedeutung zu. Als „Königin der Mittelgebirge" oder „Jumbos" wurden diese leistungsstarken Maschinen häufig voller Bewunderung bezeichnet, die im schweren Hauptbahndienst auf den noch nicht vom Fahrdraht überzogenen Strecken des Mittelgebirges praktisch unentbehrlich waren. Auf diesen Strecken des Hügellandes bewährte sich das Drillingstriebwerk besonders gut. Bis zum Ende des Jahres 1973 bespannten Maschinen der Bw Koblenz-Mosel und Ehrang die schweren Kohlen- und Erzzüge rund um die Uhr auf der Moselstrecke. Bis zum Ende des Winterfahrplans 1975/76 lag ein großer Teil der hochwertigen Güterzugleistungen im gesamten Raum Südhannover ebenfalls in der Hand dieser Baureihe. Vor allem auf der steigungsreichen ehemaligen West-Ost-Magistrale von Altenbeken über Ottbergen, Northeim nach Herzberg, erlangte die 044 zum Ende des Dampfbetriebs nicht nur unter Eisenbahnfreunden eine große Berühmtheit. Ein weiteres Zentrum des schweren Güterzugdienstes mit Dampflokomotiven war bis zuletzt das Ruhrgebiet. In dieses fast zu einer riesigen Großstadt zusammengewachsene, komplexe Industrierevier war die Dampflokomotive untrennbar eingebunden. Obwohl auch hier ein großer Teil der Strecken mittlerweile

Am 18. Mai 1976 befand sich ein von der 042 364 gezogener, mit VW „Derby" beladener Autotransportzug nördlich des Bahnhofs Salzbergen, als die Maschine, gerade rechtzeitig in Kamerareichweite, mit dem Rohreblasen begann und dabei eine sehr fotogene Qualmwolke erzeugte.

elektrifiziert war, konnte die DB noch bis Mitte 1977 im schweren Güterzug- und Programmverkehr auf den in ihren Augen anachronistischen Dampfbetrieb nicht verzichten. Das lag auch daran, dass ein erheblicher Teil der Zechenanschlussbahnen keinen Fahrdraht besaß und deshalb nur von Dampf- oder Diesellokomotiven bedient werden konnte. Im letzten Dampfplan der DB, dem Winterfahrplan 1976/77, erbrachten sechs ölgefeuerte Loks der Baureihe 043 der Bw Rheine und Emden eine tägliche Laufleistung von etwas über 280 km.

Die zweite Schlepptenderlokomotive der DB war die leichtere Baureihe 050, die allerdings in wesentlich größeren Stückzahlen vorhanden und noch 1970 in allen Bundesbahndirektionen vertreten war. Diese aufgrund ihrer niedrigen Achsfahrmasse von nur 15 Tonnen universell einsetzbare Lokomotive war eine sehr einfache Konstruktion mit Zwillingstriebwerk und auch oft vor Personen-, vereinzelt sogar vor Eilzügen zu finden. Obwohl der Einsatz dieser großen Maschinen vor den nur kurzen Zügen in den meisten Fällen wenig wirtschaftlich war, verdrängte sie so manche Personenzuglokomotive aus ihren angestammten Bereichen. Das Bw Lehrte war schon seit jeher eine Hochburg für diese zweizylindrige leichte Güterzugbaureihe. Im Schnitt befanden sich dort immer zwischen 35 und 45 Maschinen, die im gesamten Großraum eingesetzt wurden. Durch in anderen Betriebswerken überflüssig gewordene Lokomotiven erhöhte sich der Bestand zum Sommer 1972 auf 80 Einheiten. Zu Beginn des Winterfahrplans 1972/73 wurden weitere Loks nach Lehrte umstationiert, so dass der Bestand mit 87 Loks seinen absoluten Höhepunkt erreichte. Durch die schnell fortschreitende Elektrifizierung wurden die meisten Maschinen überflüssig. Am 29. Mai 1976 wurden alle Lehrter Dampfloks abgestellt. Nur wenige Loks gingen noch für kurze Zeit zum Bw Duisburg-Wedau. Mit der Lok 051 724 wurde am 24. Februar 1977 die letzte 050 der DB abgestellt.

Die Lokomotive 042 364 zog am 28. Mai 1975 einen gemischten Güterzug über den Abschnitt zwischen Kluse und Lathen an der Emslandstrecke.

Am späten Nachmittag des 18. Juli 1974 hatte die 042 095 mit dem täglich zwischen Rheine und Emden verkehrenden Ng 65661 den Bahnhof Leer erreicht. Der Nahgüterzug befindet sich nach Überquerung der Ledabrücke bei der Einfahrt in den Bahnhof.

**Rechts:**
Bei strömendem Regen nähert sich die 042 096 mit dem Ganzzug 79358 dem Schrankenposten 317 zwischen Leer und Ihrhove. Das Vorsignal des Blocks Ihrhove Nord zeigt bereits freie Fahrt.

**Ganz rechts:**
Durch die südlich des Bahnhofs Aschendorf befindliche, von der Brücke der Bundesstraße B 70 gut einsehbare Kurve dampfte am 24. Oktober 1975 die Lokomotive 042 206 mit einem Leerwagenzug (Lgo) in Richtung Dörpen.

Auch bei der Deutschen Reichsbahn der DDR befanden sich in den 1970er-Jahren noch zahlreiche Maschinen der Baureihe 41 im Einsatz. Auf diesem 1977 entstandenen Foto musste die 41 1225 im Bahnhof Camburg mit einem Durchgangsgüterzug eine Überholung abwarten.

An einem Junitag 1978 ist die ölgefeuerte 44 0566 des Bw Angermünde im nördlich von Berlin-Ost gelegenen Bahnhof Karow zum Halten gekommen.

# Erz für Ruhr und Saar – Mit dem 4000-Tonner unterwegs

*Die Erzbeförderung zwischen Emden und den Hüttenwerken im Ruhrgebiet sowie dem Saarland bildete im Rahmen des Montanverkehrs den größten Anteil des Güterverkehrs auf der Emslandstrecke. Neben den gebräuchlichen, in der Regel aus 25 Fad-Selbstentladewagen bestehenden Erzganzzügen mit durchschnittlich 2000 Tonnen Zuggewicht wurden seit 1967 so genannte Doppelparks von Emden-Rangierbahnhof in Richtung Saargebiet gefahren. Bei der dichten Streckenbelegung auf den benutzten Linien bot sich eine Bündelung des Frachtaufkommens an. Diese aus 50 Fad-Wagen bestehenden 4000-Tonnen-Züge verkehrten oft mehrmals täglich und zählten zu Zeiten des Dampfbetriebs unumstritten zu den Hauptattraktionen für Eisenbahnfreunde auf dieser Linie. Sie waren dem Programmverkehr zugeordnet, was bedeutete, dass sie eine feste Länge aufwiesen und dabei entweder als ganze Einheit oder auch nur als Halbzug verkehrten, wobei bei letzterem eine Zugnummer aus dem Bereich der 2000-Tonnen-Programmzüge verwendet wurde. Dies geschah ganz im Gegensatz zu den üblichen Durchgangs- oder Nahgüterzügen (Dg und Ng), deren Länge und Zuggewicht in Abhängigkeit vom Verkehrsaufkommen sehr unterschiedlich ausfallen konnte. Die für diese Zwecke eingesetzten Fad-Wagen waren mit einem weißen Punkt (Weißpunktwagen) gekennzeichnet und besaßen aufgrund der großen Belastungen Kupplungen mit verstärkten Zugfedern. Die Einheiten liefen meist über einen längeren Zeitraum unverändert in einem Zugverband. Jeder Wagen war zwölf Meter lang und hatte ein zulässiges Gesamtgewicht von rund 80 Tonnen, wobei zwischen 56 und 57 Tonnen auf das Ladegut entfielen. Damit ergab sich bei einem Doppelpark eine Gesamtwagenlänge von 600 Meter. Aufgrund des enormen Gewichts – das Ladegut war so schwer, dass die Waggons nur gut zu einem Drittel beladen werden durften – mussten diese Zugeinheiten stets von zwei schweren Güterzugloks gezogen werden. Es war vorgeschrieben, dass hiervon mindestens eine Maschine eine dreizylindrige 043 oder 044 sein musste. Gemischte Bespannungen in den folgenden Varianten, so 043 + 043, 042 + 043, 042 + 044, 044 + 043 und 044 + 044, waren an der Tagesordnung.*

*Der Erzverkehr auf der Emslandstrecke begann im Frühjahr 1958, nachdem der Oberbau auf dieser Linie auf 20 Tonnen verstärkt worden war. Bis zur Einstellung des Dampfbetriebs im Oktober 1977 sollte dieser das Bild der Betriebswerke Rheine und Emden nachhaltig prägen. Den Anfang bildeten fünf vom Bw Offenburg nach Rheine umstationierte Lokomotiven der Baureihe 44, die dort infolge von Elektrifizierungsarbeiten frei geworden waren. Mit diesen eigentlich für den schweren Güterzugdienst im*

„Ausfahrt frei, zwei Flügel!“ Zusammen mit der 043er-Zuglok muss die Vorspannmaschine 042 206 schon alle Kräfte mobilisieren, um den schweren 4000-Tonner über die zwar kurze, aber heftige Steigung aus dem Rangierbahnhof Emden in Fahrt zu bringen. Hier der Blick vom Führerstand der 042 206 bei der Mitfahrt am 21. April 1976 auf das HP 2 zeigende Ausfahrtsignal, gemäß Signalbuch der DB ist hier nur Langsamfahrt bis maximal 40 km/h erlaubt.

Emden-Rangierbahnhof am 22. April 1976. Der 4000-Tonnen-Erzzug Gdg 52912 mit seinen Lokomotiven 043 606 und 043 321 steht nach erfolgter Bremsprobe abfahrbereit, um die schwere Last nach Rheine zu ziehen.

*Mittelgebirge konstruierten starken Maschinen, konnten die Zuglasten auch auf der flachen Emslandstrecke deutlich gesteigert und der Güterverkehr dadurch erheblich rationeller durchgeführt werden. Die stückzahlmäßig schon bald aufgestockten dreizylindrigen Jumbos zogen bis zu 2240 Tonnen schwere Güterzüge nun immer häufiger zwischen Emden und den Stahlwerken im Ruhrgebiet.*

*Unter der Zugnummer Gdg 6974 wurde ab März 1967 der erste 4000-Tonner von Emden-Rangierbahnhof bis zum Betriebsbahnhof Münster-Nevinghoff befördert. Hier wurden die Erzzüge für das Saarland auf zwei E 40 umgespannt. Die Bespannung der Erzzüge entlang Mosel und Saar war wiederum Aufgabe der 044, wobei man die Züge wegen der langen Rampenstrecke bei Bengel ab Koblenz/Mosel teilte. Von der Bereitstellung in Emden bis zur erneuten Beladung waren Umlaufzeiten von nur 48 Stunden vorgesehen. Zum Winterfahrplan 1971/72 war dann die Strecke bis zum Rheiner Rangierbahnhof elektrifiziert, so dass man die Züge dort planmäßig umspannen konnte. Bis zum Ende des Winterfahrplans 1973/74 hatten die 4000-Tonner vierstellige Zugnummern. Innerhalb von 24 Stunden verkehrten regulär drei dieser Züge, von denen zwei bei Tageslicht fuhren. Neben den fest in den Fahrplänen verankerten Zügen wurden gemäß Abfuhrprogramm bei Bedarf aber auch Sonderleistungen eingelegt. Andererseits konnte es auch vorkommen, dass an manchen Tagen alle 4000-Tonner ausfielen. Zum Sommerfahrplan 1974 wurden die Zugnummern fünfstellig. In den folgenden Fahrplanperioden bis zum Ende des Dampfbetriebs im Jahr 1977 wurden noch zahlreiche Detailänderungen in der Fahrplangestaltung der 4000-Tonnen-Erzzüge vorgenommen. So wurde dieser im Winterfahrplan 1974/75 durch einen vierten und zum Winter 1975/76 sogar um einen fünften Programmzug*

Eine wichtige Arbeit von Heizer und Lokführer war neben der eigentlichen Bedienung der Lokomotive die Streckenbeobachtung.

**Rechts:**
Es war schon eine Besonderheit, als der 4000-Tonner Gdg 5092 am 3. Mai 1974 mit den beiden Schürzenmaschinen 044 481 und 231 bespannt war. Hier zu sehen in voller Fahrt bei Ihrhove.

**Ganz rechts:**
042 347 und eine Lok der Baureihe 043 als Vorspann am 28. Juni 1974 in der Nähe von Kluse.

*ergänzt. Bis zum Winterfahrplan 1975/76 sahen die Fahrpläne der 4000-Tonner erstaunlicherweise Maximalgeschwindigkeiten von lediglich 60 bis 65 km/h vor. Wie bei allen Güterzugplänen handelte es sich hierbei aber nur um bloße Richtwerte, die im Falle der Erzzüge sehr oft deutlich überschritten wurden. Zur Fahrplanperiode Winter 1975/76 erfolgte dann die lange überfällige Anhebung auf 80 km/h. Es war die Geschwindigkeit, die, wenn der Zug einmal gut rollte, in der Praxis auch gefahren wurde.*

*Nun noch einige Worte zu den in den Betriebswerken vorhandenen Lokbeständen. Anfang der 1970er-Jahre besaß das Bw Rheine neben sämtlichen schnellen Güterzugmaschinen der ölgefeuerten Reihe 042 weitere 14 Lokomotiven 043 mit Ölfeuerung. Im Bw Emden hingegen waren 25 rostgefeuerte 044 stationiert. 1973 erhielt das Bw Rheine sämtliche zuvor in Kassel beheimatete und dort überzählig gewordene 043 zugeteilt, so dass diese Dienststelle schließlich über 27 Lokomotiven dieser Baureihe verfügte. Nur von kurzer Dauer waren die Einschränkungen durch die Ölkrise im Dezember 1973. Sie führte zur vorläufigen Abstellung der Lokomotiven der Baureihe 043. Als Ersatz erhielt das Bw Rheine 044 mit Kohlefeuerung überwiegend von den Bw Koblenz/Mosel und Ehrang. Nach kurzer Einsatzzeit in Rheine wurden diese Maschinen entweder nach Emden weitergereicht oder an andere Bundesbahn-Dienststellen abgegeben. Bis Anfang 1976 waren die letzten in Emden noch vorhandenen 044 verschwunden. Die zum Schluss teilweise auch nach Emden umstationierten 043 blieben bis Ende 1977 im Einsatz, wobei sich die Bestände durch Ausmusterungen laufend verringerten. Ab Ende 1976 war von dieser Baureihe nur noch ein kleiner, betriebsfähiger Rest übrig. Mit Aufnahme des durchgehenden elektrischen*

**Rechts:**
Am 30. Dezember 1974 haben die Lokomotiven 043 087 und 042 310 mit dem 4000-Tonner Gdg 52912 den Brechpunkt der Lathener Steigung soeben überschritten.

**Rechts Mitte:**
Unter gewaltigen Qualmwolken zogen am 10. Februar 1975 die Lokomotiven 043 196 und 044 481 mit dem Gdg 52912 am Vorsignal des Bahnhofs Leschede vorbei.

**Ganz rechts:**
Ausblick vom Heizerplatz der Vorspannmaschine 042 206 auf die mit einem Kokszug entgegenkommende 043 196 am 21. April 1976.

**Ganz links:**
Hier sind es die Lokomotiven 042 364 und eine kohlegefeuerte 044, die am 25. Juli 1974 mit dem Gdg 52918 am Stellwerk Aschendorf-Nord vorbeidampfen.

**Links:**
Der von zwei Lokomotiven der Baureihe 043 bespannte Gdg 52912 am 11. September 1976 südlich von Leer.

*Betriebs zwischen Oldenzaal über Rheine nach Osnabrück endete zum Sommerfahrplan 1976 der Planeinsatz der Baureihe 042. Die meisten Maschinen wurden abgestellt und nur noch sporadisch eingesetzt. Zum Leidwesen der zahlreichen Dampflokfreunde erschienen seit der gleichen Fahrplanperiode die ersten beim Bw Villingen entbehrlich gewordenen Dieselloks 221 in Oldenburg und begannen die Dampftraktion aus ihren Einsatzbereichen zu verdrängen. Im Januar 1977 verfügte diese Dienststelle bereits über elf dieser Maschinen, welche bei den 4000-Tonnern sehr häufig als Vorspann fuhren. Man brauchte jetzt sehr viel Glück, um noch einen von zwei Dampfloks gezogenen Doppelpark vor die Linse zu bekommen. Auf Bestellung des Westdeutschen Rundfunks bespannte das Bw Emden am 5. Mai 1977 noch einmal den Gdg 52918 mit zwei Lokomotiven der Baureihe 043. Diese Fahrt sollte allerdings nicht die letzte sein, denn noch im August des Jahres, nur wenige Wochen vor dem endgültigen Dampfende bei der DB, sind aus Diesellokmangel mehrere 043-Einsätze vor diesen Zügen bekannt geworden.*

*Obwohl man es bei der rund 142 Kilometer langen, mehr oder weniger schnurgerade nach Süden verlaufenden Emslandstrecke auf den ersten Blick gar nicht vermuten würde, gab es auf dieser Linie doch einige gravierende betriebliche Hindernisse. Es handelte sich um drei eingleisige Abschnitte, die bei der mitunter recht dicht befahrenen Strecke zu Behinderungen in Form von Kreuzungen führen konnten. In der Reihenfolge von Nord nach Süd waren dies die Ledabrücke südlich von Leer, der Abschnitt zwischen der Blockstelle Lehe und Bahnhof Dörpen mit der Brücke über den Küstenkanal sowie die Emsbrücke zwischen Block Hanekenfähr und Bahnhof Elbergen. Besonders die ge-*

**Ganz links:**
An einem Märztag des Jahres 1975 befand sich der 4000-Tonner Gdg 52918 mit seinen Lokomotiven 043 672 und 043 315 nördlich von Leschede in voller Fahrt.

**Links:**
Am 26. Juni 1974 hatte der Gdg 52918 Überholung im Bahnhof Kluse. Hier setzen 043 336 und 043 475 die schwere Fuhre wieder in Bewegung.

*wichtigen 4000-Tonner sollten diese Engstellen möglichst ohne Halt passieren, was leider nicht immer der Fall war. Von einer Zugfahrt, bei der alles glatt ging, soll hier die Rede sein.*

*Am 21. April 1976 war ich wieder auf dem bewährten Obergefreitenweg in den Genuss einer Führerstandsmitfahrt auf der Vorspannlok des Gdg 52912 gekommen. An diesem Tage waren 043 903 als Zuglok und 042 206 als Vorspannmaschine eingeteilt. Die planmäßige Abfahrzeit in Emden-Rangierbahnhof war 10.18 Uhr. Die Bremsprobe war beendet, man wartete auf Ausfahrt. Ich lief vor zur 042, kramte ein undatiertes Genehmigungsschreiben der Direktion aus der Tasche und reichte es ohne viele Worte dem aus dem Seitenfenster herauslehnenden, noch recht jungen Meister. Ohne weitere Rückfragen ließ er mich aufsteigen. Kaum hatte ich mich auf der Lok häuslich eingerichtet, klappte das Hauptsignal auch schon in die Höhe und zeigte mit zwei Flügeln Hp 2 an. „Ausfahrt steht!" bemerkte ich aufgeregt. „Dann wollen wir mal" äußerte sich der Meister. Bremse lösen, Griff zum Regler und Sandstreuer. Es ging los. Und wie es losging! Um den schweren Zug auf der zwar kurzen, trotzdem aber nicht zu unterschätzenden 1 : 76-Rampe aus dem Rangierbahnhof heraus in Fahrt zu bringen, mussten die beiden Güterzuglokomotiven alles geben. Erst noch verhalten, dann aber immer stärker, setzte der hart-knallende Auspuffschlag der 042 ein. Zügig und ohne zu schleudern legte man eine Ausfahrt hin, die sicherlich weithin zu hören war. In dieser Hinsicht war ich ja schon so manches gewohnt, aber so etwas hatte ich bisher noch nicht erlebt! Das fast ohrenbetäubende Stampfen und Getöse der schweren Maschinen vermittelte ein ganz anderes Bild der Kraftentfaltung, als es beim rasanten Beschleunigen einer Schnellzugdampflok der Fall war. Ich lehnte mich auf der Tenderbrücke hinter dem Meister weit hinaus, um ja nichts zu verpassen. Ein kurzer Blick auf die fast endlos lange Wagenschlange, die sich langsam aus dem Emdener Rangierbahnhof herausbewegte. Schon donnerten wir in zügiger Fahrt am Signal vorbei. Die dunkle Rauchwolken ausstoßende 043er-Zuglok zeigte mir, dass diese nicht minder hart arbeitete. Als wir nach einigen hundert Metern über die Straßenbrücke polterten, hatten wir es geschafft. Das abgehackte, schmetternde, für diese Mikado-Lokomotive so charakteristische Stakkato der Auspuffschläge wurde immer schneller, die Geschwindigkeit nahm zu. Als der Doppelpark endlich in der Ebene lag, kam er schnell in Schwung. Der Meister hatte die Steuerung zurückgenommen, um die Dampfdehnung wirken zu lassen. Ich kam aus dem Staunen nicht heraus, denn in Oldersum hatten wir schon 85 km/h drauf. Die Nadel des Deuta-Geschwindigkeitsmessers stand bis Leer praktisch wie angenagelt. Dröhnend und stampfend ging es durch den Bahnhof die kurze Rampe zur Ledabrücke hinauf. Trotzdem wurde der Zug kaum langsamer. Nun ging es in die bei Folmhusen auf einem Damm geführte weite Kurve. Mit unverminderter Fahrt jagten wir durch den Bahnhof Ihrhove mit seinen markanten Stellwerken und weitläufigen Gleisanlagen. Vor Papenburg mussten wir wegen einer La-Stelle kurz mit der Fahrt heruntergehen; in Papenburg selbst zeigte man uns aber die K-Scheibe! Und das, obwohl wir mindestens zehn Minuten vor Plan waren. Der Grund konnte nur der entgegenkommende Triebwagen sein. Dieses bei der Bundesbahn unter der amtlichen Bezeichnung Zp 10 geführte Fahrtregelungssignal bedeutete „kürzeste Fahrzeit anstreben". Aber das machten wir doch schon und mehr war kaum drin! Die Beamten von Aschendorf Nord (AN) und -Süd (AS) hielten uns ebenfalls die K-Scheibe vor die Nase.*

042 018 und 043 903 mit dem Gdg 52912 am 10. Juli 1976 bei der Durchfahrt durch den Bahnhof Leer.

Die beiden ölgefeuerten Dreizylinderlokomotiven 043 672 und 043 196 zogen am 26. Juli 1975 den Gdg 52912 über die Steigung bei Lathen. Die 043 196 gehörte am 26. Oktober 1977 zu den allerletzten noch in Betrieb stehenden Dampfloks des Bahnbetriebswerks Rheine und der Deutschen Bundesbahn überhaupt.

*Mit höchstmöglicher Geschwindigkeit schlängelten wir uns durch das Nadelöhr des eingleisigen Abschnitts der Blockstelle Lehe. Im Bahnhof Dörpen wartete schon der als E 3255 fahrende VT 624 auf dem Gegengleis. Ein Wunder, dass man uns nicht in die Ecke gestellt hatte. So oft ich wollte, durfte ich den Heizerplatz einnehmen. Den Bahnhof Lathen durchrasten wir mit 80 km/h und dröhnend ging es in die gleichnamige 1:300-Steigung hinein. Immer volles Rohr! Angesichts der jetzt zahlreicher an der Strecke auftauchenden Fotografen machte ich es mir auf dem Heizersitz bequem und lehnte mich stolz wie Oskar weit aus dem Fenster. Trotz der Steigung ging die Geschwindigkeit des Zuges nur wenig zurück. Trotzdem mussten sich an dem mit Blinklichtern und Halbschranken gesicherten B 70-Bundesstraßenübergang die Autos noch eine Weile gedulden, bis der letzte Erzwaggon vorüber war. Durch Haren ging es schon wieder mit über 70 km/h und unter Ausnutzung des leichten Gefälles ab Block Hemsen mit rund 80 km/h durch den Bahnhof Meppen. Die Menschen am Bahnübergang traten respektvoll zurück, als wir volle Pulle in wenigen Metern Entfernung vorbeijagten. Bis Lingen hielten wir konstant zwischen 80 und 85 km/h. Wegen eines Weichenbogens bei Block Hanekenfähr musste vor Beginn des dritten eingleisigen Abschnitts die Geschwindigkeit auf 70 km/h gedrosselt werden. Unmittelbar nach Passieren der Emsbrücke riss der Meister den Regler seiner 042 wieder auf und es ging noch einmal richtig zur Sache. Mit Volldampf tobten wir über die langen Geraden über Elbergen, Leschede bis Bahnhof Salzbergen. Erst hinter der Blockstelle Bentlage schloss der Meister den Regler. Schwung hatten wir genug. Wenige Augenblicke später rollten wir durch den Bahnhof Rheine, vorbei an den trotz des schlechten Wetters tapfer ausharrenden Fotografen. Am Ende des heute nur schwach belegten Rangierbahnhofs kam unser Zug zum Stehen. Fahrtzeit nur drei Stunden und zehn Minuten! Das war rekordverdächtig. Zwei E 40 warteten schon auf dem Nebengleis. Abkuppeln und Fahrt ins Bw. Herzlich verabschiedete ich mich von meinem freundlichen Personal. Noch ganz benommen von diesem einmaligen Erlebnis stieg ich von der Maschine. Obwohl seit diesem Ereignis schon 34 Jahre vergangen sind, ist es mir, als wäre es erst gestern gewesen.*

**Seite 54/55:**
Ein kleiner See in der Nähe des Haltepunkts Steenfelde diente als hübscher Vordergrund für den am 24. April 1976 von zwei Lokomotiven beförderten Gdg 52912.

Kontrastreiche Wolken vermischt mit Sonnenschein kennzeichneten den Nachmittag des 23. Februar 1974 als zwei Lokomotiven 043 den Gdg 5064 auf dem Abschnitt Elbergen/Leschede in Richtung Rheine zogen. Ab dem Sommerfahrplan 1974 erhielten die Güterzüge fünfstellige Bezeichnungen, so dass der 5064 nun 52918 hieß.

Die Moselstrecke von Koblenz nach Ehrang gehörte noch in den frühen 1970er-Jahren zu den am meisten frequentierten Bahnlinien der DB, auf denen fast ausschließlich Dampfbetrieb herrschte. Insbesondere der Montanverkehr zu den Stahlwerken im Saarland wurde von Dampflokomotiven abgewickelt. Dieses im Mai 1972 aufgenommene Foto zeigt die 044 014, damals die älteste Maschine dieser Baureihe bei der Bundesbahn, auf anstrengender Bergfahrt zwischen den Bahnhöfen Wengerohr und Salmrohr.

Die im Bw Ehrang beheimatete 044 674 (ex. 44 1674) ist auf dieser Ende April 1972 entstandenen Aufnahme vor einem aus französischem Wagenmaterial gebildeten schweren Kohlenzug auf Bergfahrt in der Nähe des Bahnhofs Salmrohr zu sehen.

Kurz vor Toresschluss zeigte die Deutsche Bundesbahn offenbar doch noch ein wenig Interesse an der Dokumentation ihrer letzten Dampflokomotiven. Im Zuge dessen ließ sie am 26. März 1977 im Bereich des Bw Gelsenkirchen-Bismarcks eine Fotoserie mit der frisch aufpolierten Sonderfahrtenlok 044 508 anfertigen. Hier sehen wir die Maschine vor einer halben Ganzzuggarnitur vierachsiger Fad-Selbstentladewaggons bei der Anfahrt.

**Ganz links:**
Die östlich von Nürnberg gelegene Rampe von Hartmannshof nach Etzelwang war auch noch 1974 unter Eisenbahnfreunden sozusagen ein Geheimtipp, um schweren Hauptbahndienst mit Dampflokomotiven zu erleben. Auf dieser Aufnahme vom 17. September 1974 befördert die 044 427 des Bw Weiden den Gag 57513 bei Etzelwang über die Steigung.

**Links:**
Ebenfalls zu den weniger bekannten und leider auch ziemlich gering frequentierten Linien, auf denen fast bis zum Schluss noch Dampfloks im Güterzugdienst verkehrten, zählte die Siegstrecke zwischen Betzdorf und Gremberg. Die dort verkehrenden Güterzüge wurden hauptsächlich von Loks der Reihe 044 des Bw Betzdorf bespannt. Am 17. September 1975 donnerte die 044 592 mit ihrem Dg 53067 am Fotografen vorbei.

# GRENZLAST – DAMPFBETRIEB AUF DER SOLLINGRAMPE

*Für viele Eisenbahnfreunde dürfte die Dampfregion des Raumes Südhannover mit den Gebieten Harz und Weserbergland auch heute noch ein Begriff sein. Sie war eine der letzten der Bundesbahn und spätestens seit Abstellung der Rheiner Schnellzugdampfloks 012 Ende Mai 1975 zu einem internationalen Wallfahrtsort für jene Liebhaber geworden, die noch einmal schweren Hauptbahndienst mit Dampfloks auf den langen Rampen des Mittelgebirges erleben wollten. Auf allen diesen Strecken setzten bis Ende Mai 1976 die Bahnbetriebswerke Lehrte und Ottbergen ihre dort stationierten Güterzuglokomotiven ein.*

*Die Bundesbahndirektion (BD) Hannover hatte, um eine möglichst wirtschaftliche Nutzung und Zusammenfassung des Werkstättendienstes zu erreichen, die beiden Güterzug-Dampflok-Baureihen 044 und 050 auf nur noch zwei Dienststellen konzentriert. Während beim Bw Lehrte seit März 1972 nur noch Loks der Baureihe 050 beheimatet waren, zählte das Bw Ottbergen, das hier im Mittelpunkt stehen soll, schon seit jeher zu den ausgewiesenen Domänen der Baureihe 044. Diese ob ihrer ausgezeichneten Leistung voller Anerkennung als „Königin der Mittelgebirge" oder „Jumbo" bezeichnete Baureihe, war seit dem Spätsommer 1937 dort heimisch. Die seinerzeit fabrikneu dorthin gelieferten Maschinen wurden sogleich im schweren Güterzugdienst, vorzugsweise auf den bis 1945 stark belasteten langen Rampenabschnitten der Ost-West-Rollbahn Hamm – Paderborn – Altenbeken – Nordhausen eingesetzt. Diese wichtige Güterbahn verband das Ruhrgebiet mit dem sächsischen Industrierevier. Sie löste mittlerweile überforderte G 12 (Baureihe 58) ab, nachdem seit dem Ende der Weltwirtschaftskrise das Transportaufkommen deutlich gestiegen war.*

*Obwohl der Betrieb durch die Grenzziehung nach dem Zweiten Weltkrieg sehr stark zurückgegangen war, blieb der Ottbergener Lokbestand mit etwa 20 bis 25 Maschinen konstant. Denn nach der Veränderung der Verkehrsströme konnten diesen Lokomotiven neue Einsatzräume erschlossen werden. Angesichts der vielen steigungsreichen Strecken konnte die deutsche Bundesbahn bis weit in die 1970er-Jahre auf die Dienste der Baureihe 044 keinesfalls verzichten. Fortschreitende Elektrifizierungsarbeiten führten zum Ende der 1960er-Jahre sogar zu einer schrittweisen Bestandserhöhung dieser Baureihe in Ottbergen, da in anderen Dienststellen immer mehr Maschinen überflüssig wurden. Zum 1. Januar 1970 wies das Bw einen Bestand von 40 Loks der seit der EDV-gerechten Umzeichnung im Jahr 1968 als Baureihe 044 bezeichneten Maschinen auf. Diese kamen damals noch sehr weit herum und wurden auch durch Personale der Bw-Dienststellen Altenbeken, Northeim, Hildesheim, Goslar, Braunschweig und Seelze eingesetzt. Sie bespannten weiterhin die schweren Güterzüge auf über-*

**Rechts:**
Am 23. Mai 1975 zog die 044 525 den Gag 47861 mit Laufweg Quadrath-Ichendorf – Bitterfeld/DDR auf dem Abschnitt von Hattorf nach Herzberg.

**Ganz rechts:**
Nachschuss auf die Lokomotive 044 682 vor dem Dg 53842 im Einschnitt bei Amelunxen.

Auf den Ausfahrtgleisen des Rangierbahnhofs Ottbergen im August 1975. Die Güterzuglok 044 195 steht abfahrbereit vor dem Dg 53842, den sie nach Altenbeken befördern wird. Die rechts abgebildete 044 210 fährt als Lz ins Bw.

*wiegend nicht elektrifizierten Strecken des gesamten Raumes Südhannover und wendeten in Hamm, Altenbeken, Herzberg, Detmold, Löhne, Veltheim, Hildesheim, Braunschweig, Oker, Seesen, Kreiensen, Goslar, Bad Harzburg, Langelsheim, Lehrte, Helmstedt, Beddingen, Salzderhelden, Northeim, Seelze, Hannover-Linden, Peine, Hameln, Schöningen, Vorwohle und Holzminden. Dazu kamen noch einige wenige Personen- und sogar Eilzüge zwischen Göttingen und Hann. Münden, Altenbeken – Hameln, Göttingen – Bodenfelde und Bad Harzburg – Goslar.*

*Während die Planleistungen für die schweren Schlepptenderlokomotiven zurückgingen, waren immer mehr Sonderleistungen zu fahren. Trotzdem wurden im Winterfahrplan 1969/70 immer noch 23 Loks planmäßig benötigt. Im September 1970 stieg deren Zahl auf 25 und im Laufe des Winterfahrplans 1970/71 waren es sogar 27 Lokomotiven. Als aber im Mai 1971 der elektrische Betrieb von Hannover über Hameln nach Altenbeken aufgenommen wurde, gingen die Planleistungen drastisch auf 16 Loks zurück. Die Laufleistungen sanken ebenfalls. Nur dem Mangel an Elloks der Baureihe 140 war es zu verdanken, dass bis zum Juni 1973 auf dieser Strecke, nun unter Fahrdraht, noch Dampfgüterzüge fahren durften. Der Personalbestand des Bw Ottbergen war gleichfalls gesunken. Befanden sich 1964 noch 124 Personale im Triebfahrzeugdienst, so waren es Ende des Jahres 1971 nur noch 95. Infolge der zeitweise guten konjunkturellen Lage erhöhten sich vielerorts die Zuglasten, so dass die auf dem Abschnitt von Lehrte über Braunschweig nach Helmstedt (Grenzübergang in die DDR) bisher von der Baureihe 50 gezogenen Güterzüge damit überfordert waren und man auf die stärkere Baureihe 044 zurückgreifen musste. 400 PS Mehr-*

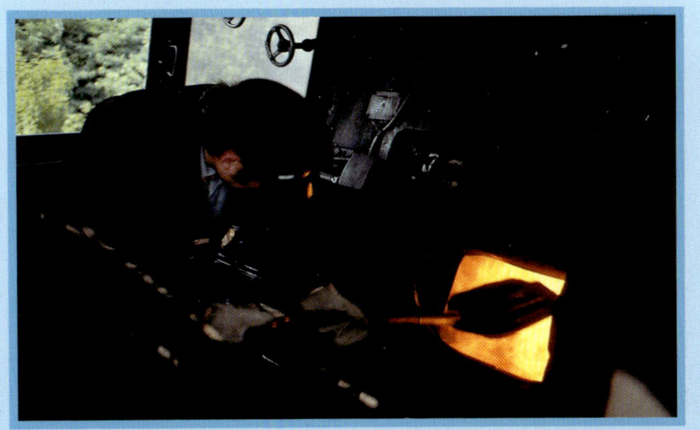

**Ganz links:**
Auf dem Führerstand der 044 566 hat der Heizer die Feuertür geöffnet und schaufelt Kohlen auf den Rost.

**Links:**
Ausblick vom Heizerplatz der 044 180 vor dem Dg 53842 auf den entgegenkommenden Dg 53849, der von 044 389 gezogen wird.

leistung machten da schon eine Menge aus. Demzufolge stieg der Planbedarf während des Winterfahrplans 1972/73 erneut von 18 auf 22 Maschinen. Erneute Einschneidungen ergaben sich nach ausreichender Anlieferung neuer Elloks der Reihe 140, die den Güterzugdienst auf der Relation Hamm – Paderborn – Altenbeken – Kassel übernahmen. Nur noch wenige Sonderleistungen wurden seither auf den elektrifizierten Strecken mit Dampfloks gefahren. Zum Sommerfahrplan 1973 wurden zwar noch 21 Planmaschinen benötigt, aber deren tägliche durchschnittliche Laufleistung sank von bisher 308 auf nunmehr 235 Kilometer recht erheblich. Die wieder rückläufige Konjunktur und die Ölkrise taten ein übriges und führten auch bei den Sonderleistungen zu stärkeren Einbußen. Trotzdem wurden auch im Winterfahrplan 1973/74 weiterhin 21 Planloks vorgehalten. Der Mangel an leistungsfähigen Dieselloks sicherte den Ottbergener 044 zunächst noch ein Überleben. An Lokomotiven herrschte wahrlich kein Mangel, denn der Bestand hatte sich zum Stichtag 20. August 1973 infolge erneuter Umstationierungen auf insgesamt 48 Maschinen erhöht. Zum Sommerfahrplan 1974 ging der Planbedarf in Ottbergen auf 17 Lokomotiven der Baureihe 044 zurück. Ein Jahr später waren es nur noch 13 Maschinen. Der langsame Niedergang des Dampfbetriebs war unübersehbar geworden.

Auch der Lokbestand ging durch Ausmusterungen und mangelnden Nachschub aus anderen Dienststellen langsam zurück. Während am 1. Januar 1975 noch 36 Lokomotiven zum Bestand zählten, waren es im folgenden Jahr nur noch 31 Maschinen. 22 Loks erlebten noch das endgültige Dampfende am 29. Mai 1976. Letztmalig am 15. Januar 1976 erhielt der Lokbestand eine Aufstockung durch Zuweisung der letzten acht 044 des Bw Emden.

Als zum Sommerfahrplan 1976 der elektrische Betrieb von Hannover über Lehrte und Braunschweig bis Helmstedt aufgenommen werden konnte, wurden damit die bisher dort eingesetzten Dieselloks für andere Aufgaben frei. Das bedeutete das Ende für die Ottbergener 044 und gleichzeitig das Dampfende auf allen Strecken dieses Raumes. Für mehr als 38 Jahre hatte diese Baureihe das Bw Ottbergen geprägt. Dieselloks, die ihr leistungsmäßig nicht das Wasser reichen konnten und nun überwiegend in Doppelbespannung verkehren mussten, übernahmen fortan die Dienste der Dampflokomotiven. Während sechs Maschinen bereits am 2. Juni 1976 zugestellt wurden, erfolgte für die Mehrzahl der Lokomotiven noch für kurze Zeit eine Umbeheimatung zum Bw Gelsenkirchen-Bismarck im Ruhrgebiet. Wenig später endeten aber auch sie als Schrott, mit Schneidbrennern in handliche Teile zerlegt, in den Hochöfen.

Über drei Jahre lang bereiste ich mehrere Wochen lang nahezu alle in diesem Raum gelegenen Dampfstrecken, wobei die von Altenbeken nach Herzberg führende Magistrale mein Hauptziel war. Während dieser Zeit konnte ich zahlreiche, oftmals freundschaftliche Kontakte zu Ottbergener Lokpersonalen knüpfen. So lernte ich 1975 während der Sommersemesterferien auf der Bw-Außenstelle Herzberg den kurz vor seiner Pensionierung stehenden Lokbetriebsinspektor Hubert Mathias kennen. Auf meine höflich ge-

Am Morgen des 2. August 1975 verlässt der von der Lokomotive 044 381 gezogene Dg 53845 den Ertinghäuser Tunnel auf dem Weg von Altenbeken nach Herzberg.

Bei tiefstehender Abendsonne wurde am 24. Mai 1976 der von 044 381 geführte Dg 53853 bei Bodenfelde abgelichtet.

stellte Frage, ob ich einmal eine Tour von Ottbergen nach Herzberg auf der Lok mitfahren dürfte, war er nach kurzem Überlegen nicht abgeneigt. Nachdem er sein Notizbuch studiert hatte, bot er mir eine Mitfahrt am 1. Juli 1975 auf der Zuglok des Dg 53849 an, die ich natürlich gerne annahm. Ich sollte mich nur rechtzeitig am östlichen Ausfahrtsignal einfinden.

An besagtem, drückend-schwülem Tage, begab ich mich schon gegen 13.30 Uhr zu der vereinbarten Stelle. Kurz darauf erschien Hubert Mathias mit seinem Heizer Göllner, um den von Hamm über Paderborn und Altenbeken nach Herzberg bestimmten Güterzug zu übernehmen. Wenige Minuten nach 14 Uhr sah man den Dg mit seiner Lok 044 566 heranrollen. Der Meister brachte den langen Zug gekonnt mit quietschenden Bremsen passend zum Wasserkranausleger zum Halten. Hier musste planmäßig vor der Weiterfahrt Wasser genommen werden. Der Wasserverbrauch einer 044 war beachtlich: auf einen Kilometer im Durchschnitt 250 Liter, so dass die Reichweite der Maschine – selbst bei den großen 34 $m^3$-Tendern – auf wenig mehr als 100 Kilometer begrenzt war. Während ich meine Utensilien in einem der Tenderfächer verstaute, machte das ablösende Personal einen Kontrollgang um die Lok. Die abgelöste Mannschaft hatte keine Unregelmäßigkeiten gemeldet. Es schien alles in Ordnung, Wasserstand und Kesseldruck stimmten, das Feuer auf dem 4,55 $m^2$-großen Rost war gut durchgebrannt. Dem Bremszettel war zu entnehmen, dass unser Zug mit 1237 Tonnen Wagenzuggewicht und 88 Achsen wieder einmal fast Grenzlast hatte. Diese betrug wegen der starken Steigungen für die Baureihe 044 1260 Tonnen.

Die Abfahrtzeit – 14.35 Uhr – rückte heran. Durch Anstellen des Hilfsbläsers und Aufwerfen von Kohle wurde der Kesseldruck wieder in die Nähe des roten Strichs gebracht. Das Ausfahrtsignal zeigte Hp 1, die Sicherheitsventile begannen zu säuseln, es ging los. Ausfahrt frei! Bremse lösen, Zylinderhähne auf und Steuerung voll ausgelegt. Nach einem kurzen Achtungspfiff öffnete Lokführer Mathias vorsichtig den Regler, um Schleuderbewegungen zu vermeiden. Mit langsam wummernden Dreivierteltakt setzte 044 566 sich und ihren Zug langsam in Bewegung. Schon nach wenigen Metern schloss der Meister die Zylinderventile und nahm die Steuerung zurück. Schnell auf die Heizerseite, denn uns kam der ebenfalls von einer 044 geführte Gegenzug Dg 53840 entgegen. Die Strecke führte nun auf einen langen Damm und überquerte das Flüsschen Nethe. Hinter der großen, langgezogenen Kurve im ausgemauerten Einschnitt vor dem Haltepunkt Amelunxen hatten wir schon mehr als 60 km/h drauf. Die Fahrgeräusche der Lok gingen in ein wuchtiges Grummeln über. In leichtem Gefälle ging es dem Bahnhof Wehrden und der gleichnamigen großen Weserbrücke entgegen. Den Gesprächen der Lokmänner entnahm ich, dass es Schwierigkeiten mit der Fahrpumpe gab. Ich traute meinen Augen nicht, als sich der Meister mit einem Hammer bewaffnet während der Fahrt über die 1945 gesprengte und seither nur noch eingleisig befahrbare Brücke auf dem Umlaufblech nach vorn hangelte, um die Pumpe mit einigen gezielten Schlägen wieder gangbar zu machen. Seine

An der östlich in Richtung Northeim gelegenen Ausfahrt des Bahnhofs Ottbergen am Abend des 9. April 1976 um 18.25 Uhr. Der von der Lok 044 389 gezogene Dg 53853 verlässt unter einer furchterregend schwarzen Qualmwolke den Bahnhof. Der in Hamm Rbf zusammengestellte Durchgangsgüterzug wurde bis Altenbeken mit einer Elok der Reihe 150 befördert. Bis zum Zielbahnhof Herzberg übernahm eine 44 die Weiterbeförderung des Zuges.

Bemühungen hatten jedoch keinen Erfolg, so dass zur Reparatur in der Nähe des Haltepunkts Meinbrexen auf freier Strecke gehalten werden musste. Nach wenigen Minuten konnte man weiterfahren, hatte dabei aber einiges an Fahrzeit zugesetzt. Die beiden Schwarzen taten ihr Bestes, um den schweren Zug wieder auf Geschwindigkeit zu bringen. Heizer Göllner feuerte mehr oder weniger unablässig, was sich durch eine langgezogene Qualmwolke bemerkbar machte, die sich hinter dem Zug über die Landschaft verteilte.

Vor Karlshafen führt die Strecke zeitweise unmittelbar entlang der Weser, an deren linken Seite die Berge bis zu 300 Meter hoch aufragen. Auf diesem ebenen Streckenabschnitt galt es, möglichst viel Schwung für die ab Karlshafen langsam beginnende, in einem Neigungswinkel von bis zu 1:88 geführte Sollingrampe zu holen. Mit einem kurzen Warnpfiff donnerte die mit 80 km/h dahinjagende 044 566 in den Einschnitt zum 630 Meter langen Wahnbecker Tunnel hinein. Lokomotivführer und Heizer riefen sich gegenseitig den Stand der Signale zu, Telegrafenmasten und -leitungen flogen an der wild rüttelnden Maschine vorbei. Ein Fluch des Meisters; in Bodenfelde stand das Einfahrtsignal auf Halt – eine Folge unserer Verspätung durch die Reparatur der Speisepumpe. Jetzt war zunächst die Kreuzung mit dem von einer 220 geführten E 3658 nach Oberhausen abzuwarten. Zum Glück noch im Ausrollen, ging der Signalflügel in die Höhe. Ein Ächzen ging durch den Zug, die Kupplungen strafften sich und 044 566 zog wieder kräftig an.

Am 7. August 1975 war der Autor zwischen Ottbergen und Herzberg zu Gast auf dem Führerstand der Lokomotive 044 067, die den Dg 53849 an diesem Tag zu ziehen hatte. Im Bahnhof Ustar wurde der Zug zur Überholung durch einen Schienenbus „in die Ecke gestellt“. Während das Hauptsignal für den Schienenbus schon auf Fahrt gezogen worden war, kam aus der Gegenrichtung der von 044 492 geführte, verspätete Dg 53842 herangerollt.

Östlich des Bahnhofs beginnt die eigentliche, rund 17 Kilometer lange Steigung in den Solling. Hier war schon so manches Personal in Nöte geraten. Lokführer Mathias fuhr jetzt seine Lok mit voller Kesselleistung mit ca. 45 Prozent Füllung und 15 atü Schieberkastendruck und die Auspuffschläge waren jetzt einzeln zu hören. Richtig auf Geschwindigkeit waren wir seit der Kreuzung vor Bodenfelde noch nicht gekommen. Die 044 wurde immer langsamer, denn die 1237 Tonnen hingen am Zughaken wie Blei. Aber die 044 war eine starke Maschine, die nicht so leicht schlapp machte. Den Spitznamen „Jumbo“ trug sie nicht ohne Grund. So kämpfte sie sich unermüdlich, wenn auch schließlich nur noch mit 20 bis 25 km/h die Steigung hinauf. Nach 8,5 Kilometern waren 60 Meter Höhenunterschied überwunden und der Bahnhof Uslar auf ungefähr der Hälfte der Rampenstrecke erreicht. Für dieses Stück hatten wir 18 Minuten gebraucht. Vom Stellwerk Uslar hielt man uns zu allem Überfluss noch die K-Scheibe vor die Nase. „Kürzeste Fahrzeit“ – das versuchten wir doch schon die ganze Zeit! Gleich hinter der Ausfahrt setzte sich die Steigung fort, so dass die Geschwindigkeit unserer 044, die durch den in der Ebene liegenden Bahnhof etwas schneller geworden war, bald wieder zurückging. Östlich von Uslar verläuft die Strecke in langen Kurven bergan und bot vom Führerstand der mühsam die Steigung heraufkriechenden Lok einen großartigen Blick in die Landschaft. Um den Kesseldruck zu halten, musste der Heizer fast unablässig feuern. Meistens waren es neun Schaufeln, die er kurz hintereinander in den gefräßigen Feuerschlund schippte und auf dem knapp drei Meter langen Rost exakt verteilte. Um diese Knochenarbeit *abschätzen zu können, muss man wissen, dass die 044 auf dem 93 Kilometer langen Abschnitt von Ottbergen nach Herzberg zwischen 70 und 80 Zentner Kohle verbrauchte! Nach etwa 15 Minuten kam Volpriehausen mit seinen Steinbrücken in Sicht. Wir lagen mehr als 20 Minuten hinter Plan und hatten die Steigung immer noch nicht geschafft. Bis zum Brechpunkt, dem Ertinghäuser Tunnel, waren noch weitere 22 Meter Höhenunterschied zu überwinden. Der Kohlenvorrat des Tenders schrumpfte zusehends, so dass Heizer Göllner die Kohle vorziehen und mit dem Hochdruckschlauch nässen musste. Dieses nicht nur, um Staubbildung zu vermindern; feuchte Kohle brannte auch besser. Endlich war der dunkle Schlund des 960 Meter langen Tunnels erreicht. Mit einem schauerlichen Warnpfiff verschwand 044 566 in der verräucherten Röhre. Ich fühlte mich wie in einer Geisterbahn.*

*Nach einigen 100 Metern wurde die Lok merklich schneller, denn die in 259 Meter über NN. (Normalnull) befindliche Steigung war überwunden. Als wir wieder ans Tageslicht kamen, hatten wir schon 40 km/h drauf. Nun kam Leben in den Dg 53849. 044 566 rauschte im Leerlauf zu Tal, wobei es auf dem Eisentier bei der sich ständig steigernden Fahrt rasselte, schüttelte und dröhnte. Der Tender entwickelte ein beachtliches Eigenleben, so dass ich mich beim Filmen noch stärker als bisher konzentrieren musste. Endlich konnte sich Herr Göllner auf seinem Schemel eine Zigarettenpause gönnen. Der einsame Haltepunkt Ertinghausen und der Bahnhof Hardegsen flogen vorbei. Erst nach Überquerung der Nord-Süd-Strecke verringerte Lokführer Mathias die Fahrt drastisch auf 30 km/h. In der Ferne tauchten die Signale des Bahnhofs Northeim auf. Mit dröhnendem Auspuff und wieder steigender Geschwindigkeit durchfuhren wir die weitläufigen Gleisanlagen dieses bedeutenden Bahnknotens. Noch 27 Kilometer bis Herzberg. Mit ungefähr 70 km/h ging es nun über die nur mäßig ansteigende Strecke. Erst hinter Hattorf in der Nähe der früheren Blockstelle Auekrug, musste die 044 wieder härter arbeiten, denn es ging mit 1 : 105 wieder bergan. Kurz vor dem Ziel ging es für Heizer Göllner noch einmal richtig zur Sache.*

*Kurz nach 17 Uhr war unser Fahrtziel, der 235 Meter hoch gelegene Bahnknotenpunkt Herzberg mit seinen der früheren Bedeutung entsprechenden ausgedehnten Gleisanlagen erreicht. Die weitere Beförderung des Zuges nach Ellrich/DDR hatte nun eine Lok der Baureihe 050 zu übernehmen. Abkuppeln, Übergabe der Frachtpapiere und Fahrt ins Bw mit seinem verrußten dachlosen Lokschuppen. Dort wurde die Lok für den Dg 53848, die Rückleistung ab Herzberg um 19.49 Uhr, auf der ich bis Volpriehausen mitfuhr, vorbereitet. Das bedeutete Ausschlacken, Bekohlen und Wasser nehmen, Sand kontrollieren, Abölen, Nachschau und Ruhefeuer anlegen, was knapp eine Stunde in Anspruch nahm. In der Zwischenzeit hatte ich für die beiden Männer Getränke besorgt, die hocherfreut in Empfang genommen wurden. Lokführer und Heizer packten ihre Butterbrote aus. Sie hatten jetzt eine knappe Stunde Pause, bevor sie wieder an ihre Rückleistung nach Ottbergen mussten. Erst gegen 22.30 Uhr hatten sie Feierabend. Und am folgenden Tag ging es auf die nächste Tour.*

*044 566 hatte nur noch ein kurzes Leben vor sich, denn zwei Monate später, im Oktober 1975, wurde sie ausgemustert.*

Am 14. Mai 1976 ließen hohe Luftfeuchtigkeit, Kälte und bedeckter Himmel eine Stimmung entstehen, die den Alltag einer voll beanspruchten Dampflokomotive im schweren Güterzugdienst besonders deutlich widerspiegelt. Kurz vor 6 Uhr morgens beschleunigt die 044 334 den schweren Ng 63242 von Bodenfelde in Richtung Ottbergen.

**Oben:**
Stets Grenzlast hatte der Dg 53842, weshalb er zwischen Ottbergen und Altenbeken zum Ende der Dampfzeit stets von zwei Loks der Baureihe 044 befördert werden musste. Am 21. Mai 1976 waren es die Maschinen 044 462 und 044 210, die sich zwischen Herste und Bad Driburg mächtig anstrengten.

**Rechts:**
An dem bedeckten Morgen des 6. Mai 1976 verlässt der Nahgüterzug Ng 64431 den Bahnhof Bodenfelde in Richtung Herzberg.

**Oben:**
Im Bahnhof Herzberg am 21. August 1975 gegen 19.50 Uhr. Rechts im Bild erhält 044 210 mit dem Dg 53848 Ausfahrt in Richtung Northeim, während die 052 602 (Bildmitte) gerade einen Güterzug von Ellrich gebracht hat.

**Ganz links:**
Am 11. August 1975 hatte die 044 210 den gut ausgelasteten Dg 53842 von Herzberg nach Ottbergen über die Höhen des Sollings zu ziehen. Hier passiert der Güterzug in langsamer Fahrt den in einer Neigung von 1:82 ausgeführten tiefen Einschnitt beim Kalkwerk Hardegsen.

**Links:**
Der Behälterzug Gag 47861 kurz vor der Abfahrt im Bahnhof Herzberg in Richtung Ellrich/DDR. Der von der 044 389 gezogene 1.400-Tonnen-Wagenzug musste infolge seines großen Gewichts bereits ab Northeim von der 052 602 nachgeschoben werden.

044 231-9

**Oben:**
Sonnenuntergang am 24. April 1976 an der Emslandstrecke bei Steenfelde. Eine Lok der Baureihe 043 kommt mit einem leeren Autotransportzug daher und hebt sich dabei als Schattenriss gegen den Himmel ab.

**Rechts:**
Eine völlig andere Stimmung vermittelt vom gleichen Standpunkt eine Lok der Baureihe 044, die am 31. Mai 1975 mit dem Gag 57954 (Emden – Wetzlar) in den beginnenden Abend fährt.

**Seite 66/67:**
Die noch mit einer Frontschürze ausgerüstete rostgefeuerte Dreizylinder-Güterzuglok 044 231 muss am Morgen des 28. Juni 1974 auf der Fahrt nach Emden mit ihrem Gag 57950 eine Überholung im Bahnhof Kluse abwarten. Diese Zwangspause nutzen Lokführer und Heizer, das Triebwerk ihrer Maschine auf mögliche Schäden wie zum Beispiel heißgelaufene Achsen zu überprüfen.

**Oben:**
Auf dem Abschnitt zwischen Dörpen und Aschendorf tauchte am 24. Oktober 1975 die Lokomotive 043 321 mit dem Leerpark Gdg 57519 plötzlich aus dem Nebel auf.

**Ganz links:**
Volldampf am Heiligen Abend des 24. Dezember 1974. Eine Lok der Baureihe 043 donnerte, in Rauch und Dampf gehüllt, mit einem 1500-Tonnen-Erzleerpark am Einfahrtsignal Lathen in nördlicher Richtung vorbei.

**Links:**
Am späten Vormittag des 25. Oktober 1975 war die Sonne bereits durch den Nebel sichtbar, als die 043 737 mit dem Erzzug Gdg 77250 die Lathener Steigung anging.

Lausig kalt war es am Morgen des 1. Februar 1977, als die Lok 043 321 mit dem Autotransportzug 77352 durch den Lathener Wald in Richtung Emden dampfte.

**Rechts:**
Am 8. Februar 1975 herrschte sonniges Winterwetter, als der Erzzug Gdg 57538 sich mit seiner Lokomotive 043 681 unter mächtiger Dampfentwicklung dem Schrankenposten 227 nördlich von Leschede näherte.

**Ganz rechts:**
„K“ für kürzeste Fahrzeit! Der Fahrdienstleiter des Bahnhofs Lathen zeigt der mit einem Gag herankommenden 043 475 die K-Scheibe. Denn der D 1734 mit Lok 012 061 sitzt dem langsamen Güterzug schon im Nacken. Die nächste Überholungsmöglichkeit ist erst wieder im Bahnhof Haren/Ems gegeben.

Mit Volldampf über den Lathener Sand. Die 043 167 donnert an einem Septembertag des Jahres 1974 mit ihrem für das Saarland bestimmten 2000-Tonnen-Erzzug Gdg 57510 kurz vor dem Bundesstraßenübergang der B 70 am Fotografen vorbei.

Der aus dem Saarland kommende Erzleerpark Gdg 57501 hatte zwar besondere, sich nach dem Erzabfuhrprogramm richtende Verkehrstage, war aber zeitweise sehr häufig zu sehen. Am Morgen des 10. April 1975 befand sich der von 043 315 geführte Zug nördlich von Salzbergen. Im Vordergrund des nicht sichtbaren Bahnübergangs muss ein Deutz-Traktor D 30 erst die Vorbeifahrt abwarten.

Lokomotive 051 342 des Bw Lehrte bespannte am 15. August 1974 einen Kalkzug aus Münchehof in der Nähe von Lutter a. Bbg. (Strecke Kreiensen – Braunschweig).

Am 1. November 1973 überquerte eine Maschine der Baureihe 50 mit einem gemischten Durchgang-Güterzug (Dg) die auf der Relation von Crailsheim nach Schwäbisch Hall gelegene Tullauer-Brücke über den kleinen Fluss Kocher, einem Nebenfluss des Neckar.

Eine Lok der Baureihe 50 Anfang Mai 1974 vor ihrem samstäglichen Nahgüterzug auf der Strecke Neuss – Grevenbroich.

**Ganz links:**
Pünktlich um 10.50 Uhr hatte die 050 578 am 25. Juli 1975 mit dem Dg 45867 nach Ellrich/DDR Ausfahrt aus dem Bahnhof Herzberg.

**Links:**
In ein regelrechtes Inferno weißen Dampfes und schwarzen Qualms gehüllt waren sowohl die Lok 050 811 als auch deren Umgebung, als sie am 8. April 1976 mit dem Dg 45867 den Bahnhof Herzberg verließ.

Relativ selten gelangten die im Bw Emden stationierten Lokomotiven der Baureihe 50 auf die Strecke nach Rheine. Eine der Ausnahmen gab es am 20. April 1974, als die 052 188 vor einem Leerpark mit Autotransportwagen in der Nähe von Lingen auf den Film gebannt werden konnte.

**Rechts:**
Blick vom Führerstand der in Neuss-Rangierbahnhof rangierenden 055 113 auf die in Richtung Krefeld mit einem Nahgüterzug am 7. Februar 1970 ausfahrende 050 341.

**Ganz rechts:**
Eine von Oberhausen-West kommende Lok der Baureihe 50 mit Kabinentender überquerte unter einer kerzengerade aufsteigenden Qualmwolke vor einem schweren Zug mit Stahlbrammen im Mai 1975 die Autobahn A 3 bei Duisburg-Meiderich.

Am 1. März 1975 musste die 050 232 am Stellwerk des Rangierbahnhofs Duisburg Ruhrort-Hafen eine kurze Pause einlegen, um neue Anweisungen vom Stellwerksbeamten entgegenzunehmen.

Im Mai 1975 wartet die Lokmannschaft der 050 592 des Bw Mayen, die einen Nahgüterzug nach Andernach zu fahren hat, auf Ausfahrt.

# AUF SCHMALER SPUR

Im Gegensatz zu den großen Hauptbahnen und ihren Lokomotiven führten die Schmalspurlinien einschließlich ihres rollenden Materials meist ein weniger beachtetes Dasein. Und doch waren nicht wenige Eisenbahnliebhaber gerade dem beschaulichen Betriebsablauf, den gemütlichen Bummelzügen und dem meist ländlichen Umfeld dieser Bahnen verfallen. Das Läuten und Pfeifen der kleinen Züge weckte oft Kindheitserinnerungen und überdeckte Alltagsstress und Sorgen der heutigen Zeit.

Dabei hatten die aus privater oder kommunaler Initiative entstandenen Stich- und Verbindungsstrecken einen nicht zu unterschätzenden Anteil am Aufblühen ganzer Landstriche. Kaum mehr vorstellbar ist heute die große Bedeutung, welche die Neben- und Kleinbahnen für die wirtschaftliche Erschließung eines Landes hatten. Vor allem nach der Reichsgründung im Jahr 1871 setzte eine geradezu stürmische wirtschaftliche Entwicklung ein, die Deutschland binnen kurzer Zeit weltweit zu einer der wichtigsten Industrienationen aufsteigen ließ. Bis zu diesem Zeitpunkt war das Grundnetz mit den wichtigsten

Die im Jahr 1897 eröffnete 750-mm-Schmalspurstrecke von Cranzahl nach Oberwiesenthal diente der verkehrsmäßigen Erschließung der Fichtelbergregion. Im Laufe der Jahre stiegen die Fahrgastzahlen zusehends, woran der aufstrebende Tourismus einen großen Anteil hatte. Aber auch für die Güterbeförderung war die Linie nicht unbedeutend, wobei das Kalk- und Schotterwerk in Hammerunterwiesenthal der wichtigste Kunde war. Noch bis 1990 wurden täglich 30 Waggons abgefertigt, welche auf Rollböcken befördert wurden. Hier sehen wir die 99 1786 im September 1979 bei einem Unterwegshalt. Oma und Opa haben die Enkelkinder von der Bahn abgeholt.

99 1786-5

Eine Serie von 16 vom VEB Lokomotivbau „Karl Marx" Babelsberg gefertigten 750-mm-Neubau-Dampflokomotiven kamen ab Mitte der 1950er-Jahre auf der Harzquer- und Brockenbahn zum Einsatz. Es waren kraftvolle und leistungsstarke Maschinen, die den Anforderungen auf den steigungsreichen Strecken gerecht wurden. An einem Herbsttag des Jahres 1994 ist die seit 1993 zum Bestand der Harzer Schmalspurbahnen GmbH (HSB) gehörende 99 7238 unterwegs (unten). An einem kalten Wintertag des Jahres 1995 überquert die Lokomotive 99 7237 einen unbeschrankten Bahnübergang (ganz unten).

Eisenbahnstrecken zwar gelegt, die Forderung der Wirtschaft nach wenig aufwändigen kleinen Anschlussbahnen zur Erschließung der Fläche war aber eine logische Konsequenz. Mit Hilfe der in den folgenden Jahren erlassenen Gesetze wurde der Bau der häufig schmalspurig ausgelegten Zubringerbahnen sehr begünstigt. Die wichtigste Grundlage war das Gesetz über die Kleinbahnen und privaten Anschlussbahnen vom 28. Juli 1892. Hierauf folgte ein verstärkter Bau unzähliger Klein-, Privat- und Lokalbahnen, mit deren Hilfe die Dörfer und Gemeinden links und rechts der Hauptmagistralen an das Verkehrsnetz angebunden wurden. Erst mit der Eisenbahn siedelte sich Industrie an, wurde der Abtransport landwirtschaftlicher und industrieller Erzeugnisse möglich. Der Bevölkerung erschlossen sich somit neue Arbeitsplätze, der Fremdenverkehr begann sich zu beleben. In Anbetracht des fast gänzlichen Fehlens von Individualverkehr und anderer Beförderungsmöglichkeiten stellten diese Bahnen praktisch die einzigen Verbindungen für die Personen- und Güterbeförderung vom flachen Land in die Städte dar. Sie verbanden die abgeschiedenen Landstriche sprichwörtlich mit der großen weiten Welt.

Aus Kostengründen mussten sehr viele dieser Strecken schmalspurig verlegt werden. Deshalb waren Lokomotiven und Wagenpark auch entsprechend klein. Anfangs waren es fast immer anspruchslose, einfache und winzige Maschinchen mit zwei oder drei Kuppelachsen. Nicht zuletzt wegen des leichten Oberbaus durften die Lokomotiven weder zu schwer noch zu schnell sein. Nur selten wurden daher Geschwindigkeiten von 30 km/h überschritten. Ähnlich sah es bei den Gewichten aus. Hier waren 20 Tonnen Dienstmasse und 8 bis 12 Tonnen Achslast fast das Maximum. Mit der Ausweitung der Streckennetze und dem Anwachsen der Zuglasten ergab sich aber schon bald ein Bedarf an größeren und stärkeren Fahrzeugen. Ein schwacher Oberbau, kleine Gleisradien und stark beschränkte Lichtraumprofile setzten aber der Entwicklung größerer Lokomotiven recht enge Grenzen. Um trotz dieser Beschränkungen leistungsfähige Schmalspurmaschinen bauen zu können, wurden zahlreiche technische Sonderlösungen beschritten. Das Hauptproblem lag darin, dass mehrachsige Lokomotiven notwendig waren, damit sowohl die zulässigen Achslasten nicht überschritten wurden und gleichzeitig enge Kurvenradien befahren werden konnten. Dies führte zum Bau einer Reihe von Lokomotiven mit Doppeltriebwerken. Andererseits waren die Einsparungen an Bau- und Betriebskosten bei Schmalspurbahnen selbst gegenüber vereinfachten Nebenbahnen der Regelspur beachtlich. Im schwierigen Mittelgebirgsgelände konnten durch die Nutzung kleinster Krümmungsradien Trassenführungen realisiert werden, die beim Bau normalspuriger Strecken nicht möglich waren. So nimmt es nicht Wunder, dass häufig ausgedehnte Bahnnetze mit großen Streckenlängen entstanden. 1914 betrug die Länge des deutschen Schmalspurstreckennetzes 2.220 Kilometer. Im Jahr 1942 erreichte es mit einer Gesamtlänge von 8.750 Kilometern seine größte Ausdehnung.

Bis weit in die 1950er-Jahre blieb das Netz dieser Bahnen in Ost und West weitgehend intakt. Seit Beginn des folgenden Jahrzehnts nahmen Straßenkonkurrenz und Individualverkehr im westlichen Teil Deutschlands allerdings einen starken Aufschwung und ließ die Zahl der Bahnen in privater wie staatlicher Regie ständig schrumpfen. Dieser Entwicklung hatten die kleinen Bahnen, trotz Umstellung auf Dieselbetrieb, auf Dauer kaum etwas entgegenzusetzen. Es waren nur ganz wenige Betriebe, die dem Streckensterben entgehen konnten.

Auf dem Gebiet der DDR hatten die Schmalspurbahnen wegen des anfangs nur schwach entwickelten Straßenverkehrs weiterhin eine wichtige Zubringerrolle zu übernehmen. Bis 1965 reduzierte die DR das Schmalspurnetz daher nur unwesentlich und ließ sogar 41 neue Lokomotiven bauen. Erst die Zunahme des Individualverkehrs führte bis zum Beginn der 1970er-Jahre zu vermehrten Stilllegungen. Eine große Rolle bei dieser Entscheidung spielte auch der überwiegend stark verschlissene Zustand der Bahnanlagen, der einen ständig steigenden Unterhaltungsaufwand erforderte. 1974 legte das Verkehrsministerium fest, dass sieben Schmalspurbahnen mit 210 Kilometern Streckenlänge als Touristikbahnen zu erhalten seien. Dies waren Bahnen an der Ostseeküste, im Harz und in Sachsen. Unter diesen Linien genoss die leider im November 1986 stillgelegte Strecke von Wolkenstein nach Jöhstadt bis weit über die sächsischen Landesgrenzen hinaus mit Abstand die größte Popularität. Sehr stark dazu beigetragen hat der durch private Initiative im August 2000 wieder aufgenommene Museumsbetrieb auf dem 8 Kilometer langen Teilabschnitt zwischen Jöhstadt und Steinbach. Von dieser Bahn soll im folgenden Kapitel die Rede sein.

Bei klirrender Kälte dampft die 99 7245 mit einem kurzen Personenzug in den Wintermorgen.

# Die Strecke Wolkenstein – Jöhstadt

**Rechts:**
Lok 99 1585 ist im Sommer 1979 mit dem vormittäglichen Personenzug bei Streckenwalde in Richtung Jöhstadt unterwegs. Für zahlreiche links und rechts der Strecke befindliche Industriebetriebe, wie hier dem VEB Holzpappenwerk Streckenwalde, war die Linie für die Güterabfuhr sehr wichtig.

*Wie bei den meisten sächsischen Schmalspurbahnen gingen auch die Anfänge der vom Bahnhof Wolkenstein durch das Preßnitztal nach Jöhstadt im Erzgebirge führenden 750 mm-Schmalspurbahn auf das ausgehende 19. Jahrhundert zurück. Hauptanlass für den Bahnbau waren die im Laufe der letzten Jahrhunderte in der Umgebung des engen Preßnitztales entstandenen zahlreichen Mühlen, Sägewerke, Papierwerke, Eisenverhüttungsbetriebe und Hammerwerke, die dringend auf eine leistungsfähige Transportmöglichkeit angewiesen waren. Da eine befestigte Straße nicht vorhanden war, gab es für die vielen durch Gespanne gezogenen Gütertransporte vor allem bei schlechter Witterung durch die völlig unzulänglichen, total verschlammten Wege massive Behinderungen. Besonders ins Gewicht fiel die Tatsache, dass der für die Hochöfen dringend benötigte Kohletransport nicht mehr zuverlässig abgewickelt werden konnte. Um neue Absatzmärkte zu erschließen und um die ständig zunehmenden Rohstofftransporte besser koordinieren zu können, bemühte sich die Industrie seit 1867 um den Anschluss an das Eisenbahnnetz. Doch erst im Februar 1891 wurde mit dem Bau der Linie begonnen. Die insgesamt 23 Kilometer lange Strecke zeichnete sich durch zahlreiche Kunstbauten, betriebliche Besonderheiten und enge Gleisradien aus. Hinzu kam ein großer Höhenunterschied von 293 Metern, der überwunden werden musste und eine maximale Neigung von bis zu 25 Promille erforderlich machte. Wegen der Enge des Tales musste auf einer Länge von 1,4 Kilometern ein Dreischienengleis auf der Trasse der Strecke Flöha – Annaberg geführt werden, wobei zur Anbindung des Schmalspurgüterbahnhofs sogar ein zusätzlicher Seitenwechsel innerhalb des Normalspurgleises notwendig war. Darüber hinaus mussten 49 Stahl- und drei*

Förderbänder und Kipploren waren auch im Sommer 1978 zur Bekohlung der Lokomotiven in Wolkenstein unentbehrlich.

**Rechts:**
Bekohlung der Schmalspurlokomotive 99 1585 mittels Förderband im August 1978.

**Ganz rechts:**
Auch bei Schnee und Frost durfte der Betrieb nicht ruhen. Dieses Bild entstand im Februar 1980 an der Lokbehandlung in Wolkenstein.

steinerne Brücken errichtet werden, da die Trassenführung die Anbindung von 38 Fabriken und Betrieben vorsah, die sich sämtlich unmittelbar an Wasserläufen befanden. Sowohl Wolkenstein als auch Jöhstadt waren mit Lokbehandlungsanlagen ausgestattet. Am 31. Mai 1892 konnte auf der gesamten Strecke der Betrieb aufgenommen werden. In diesem Fall hatte man also den genau umgekehrten Weg beschritten und eine bereits industriell erschlossene Region erst mit einer nachträglichen Schienenanbindung versehen.

*Im Gegensatz zu vielen anderen Schmalspurstrecken Sachsens, wo die leistungsschwache Gattung I K für die Betriebsanforderungen genügte, kamen auf der neigungsreichen Preßnitztalbahn von Anfang an leistungsstarke Dampflokomotiven zum Einsatz. Zur Betriebseröffnung 1892 wurden drei noch weitgehend fabrikneue Lokomotiven der Gattung III K von Thum nach Jöhstadt umgesetzt. Später kamen zeitweise dann doch noch einige I K-Lokomotiven auf dieser 750 mm-Schmalspurbahn zum Einsatz. Die Hauptlast des Verkehrs trugen jedoch die III K. 1910 gelangten drei fabrikneue Loks der bewährten, noch leistungsstärkeren Gattung IV K zur Preßnitztalbahn, um für den ab 1912 aufzunehmenden Rollwagenverkehr entsprechend leistungsfähige Lokomotiven zur Verfügung zu haben. Alle übrigen Maschinen wurden noch für einige Jahre für untergeordnete Dienste verwendet und schieden bis 1923 gänzlich aus. Die Lokomotiven der Reihe IV K, die dann bis zur Betriebseinstellung im Jahre 1986 die einzige hier eingesetzte Gattung sein sollte, wurde von 1891 bis 1922 in 96 Exemplaren gebaut. Die Loks besaßen zwei Triebdrehgestelle, hinten in einem Außenrahmen eine Hochdruck-, vorn*

**Ganz links:**
Wegen der räumlichen Enge mussten die ersten 1,4 Kilometer der Preßnitztalbahn als Dreischienengleis geführt werden. Auf ihrer Fahrt in Richtung Jöhstadt befährt die 99 1585 diesen Abschnitt und passiert das Einfahrtsignal von Wolkenstein.

**Links:**
99 1585 ist mit einem Personenzug nach Jöhstadt unterwegs. In den letzten Betriebsjahren verdichtete sich das Grün an der Bahntrasse allerorten, da keine Gleisunterhaltungsarbeiten mehr vorgenommen wurden.

*in einem Innenrahmen eine Niederdruckdampfmaschine. Ihre Höchstgeschwindigkeit betrug 30 km/h, der Kesseldruck 14 atü. Auf einer 10-Promille-Steigung konnte die Maschine eine Anhängelast von 170 Tonnen bewältigen.*

*Wie bei der Vielzahl der Industrieanschlüsse nicht anders zu erwarten, dominierte der Güterverkehr. Die Beförderung von Reisenden erfolgte anfangs durch drei Zugpaare täglich. Häufig wurden auch gemischte Züge (GmP: Güterzug mit Personenbeförderung) eingesetzt, die durch das Rangieren in den Zwischenstationen längere Fahrzeiten aufwiesen. Der Reisezugverkehr war von Anfang an nicht sonderlich entwickelt und defizitär. Erst in den letzten Betriebsjahren ab 1980 begann auch hier ein Aufschwung, als mehr und mehr Ausflügler die Züge benutzten. Um nun den Ansturm der Reisenden zu bewältigen, mussten den Zügen an den Wochenenden zuweilen bis zu vier Verstärkungswagen beigestellt werden. Im Gegensatz dazu konnte der Güterverkehr eine positive Bilanz ziehen. Im ersten Jahrzehnt nach 1900 wurden in Wolkenstein durchschnittlich 60.000 Tonnen jährlich umgeschlagen. Im Jahr 1912 wurde die Beförderung von Normalspurwagen auf Rollwagen eingeführt. Waren diese nicht vorschriftsmäßig beladen, konnten gelegentlich Unfälle durch Kippen eintreten. Durch den Rollwagenverkehr wurden Gleise und Oberbau besonders in Kurven sehr stark belastet, da sich diese durch die engen Radien regelrecht zwängen mussten. Entsprechend teuer und aufwändig gestaltete sich daher die Streckenunterhaltung. Befördert wurden vor allem die Erzeugnisse der örtlichen Industrie wie Bretter, Holzstoff, Pappen; aber auch Baumaterialien und Kohle. Die in Jöhstadt unmittelbar an der Landesgrenze zur Tschechoslowakei gelegene Firma Flader produzierte in wachsendem Maße Feuerlöschgeräte aller Art wie Spritzen und Pumpen, später auch komplette Feuerlöschfahrzeuge. Diese wurden ausnahmslos über die Schmalspurbahn versandt. Erst im Jahr 1982 endete die Nutzung der Be- und Entladestation am Bahnhof Jöhstadt.*

*Die Schmalspurbahn ging relativ unversehrt aus den Wirren des Zweiten Weltkriegs hervor. Bis zum Ende der 1950er-Jahre wurde der Betrieb weitgehend fortgesetzt wie bisher. Die Strecke diente weniger einer gewinnorientierten Betriebsführung als vielmehr der regionalen Strukturförderung. So blieb sie noch lange Zeit unverzichtbar, obwohl es auch schon damals Rationalisierungs- und sogar Stilllegungspläne gab. Diese erwiesen sich aber für die nächste Zeit als illusorisch, denn seit 1955 begann in der ehemaligen Papierfabrik Pilz in Niederschmiedeberg der VEB Deutsche Kühl- und Kraftanlagen mit dem Bau von Kühlschränken. Der spätere Betriebsteil DKK Scharfenstein, im Übrigen das einzige Kühlschrankwerk in der DDR, war mit mehr*

Lok 99 1606 überquert im August 1979 einen der vielen unbeschrankten Bahnübergänge in der Nähe des Haltepunkts Großrückerswalde.

Dieses an der gleichen Stelle aufgenommene Foto zeigt einen von der 99 1582 gezogenen, aus gedeckten Güterwagen bestehenden Leerwagenzug.

Auf ihrer Fahrt nach Jöhstadt hat die 99 1585 den Haltepunkt Schlössel erreicht. Im Vordergrund dieser im August 1979 entstandenen Aufnahme ist ein gut gepflegter IFA F 8 aus den frühen 1950er-Jahren zu sehen.

**Links:**
Lok 99 1585 ergänzt ihre Wasservorräte an der Wasserstation des Bahnhofs Steinbach. Dieses historische Gebäude wurde erst vor wenigen Jahren von der rührigen Interessengemeinschaft Preßnitztalbahn umfassend restauriert.

**Seite 84/85:**
Mit einer langen Dampffahne fuhr im Februar 1980 Lok 99 1590 auf ihrer Fahrt nach Jöhstadt durch die beschauliche Winterlandschaft.

*als 2.000 Beschäftigten die größte Produktionsstätte im Preßnitztal. Mit rund 65 Prozent des Frachtaufkommens war dieser Hersteller gleichzeitig auch der wichtigste Güterkunde der Bahn, die damit gut ausgelastet war. Die Betriebslogistik war ganz auf die Transportleistungen der Schmalspurbahn ausgerichtet. Erst gegen Ende der 1970er-Jahre wurde auch für diese Bahnlinie der Verkehrsträgerwechsel vorbereitet und es kam, obwohl die DDR ab 1981 von der Ölkrise betroffen war, zur schrittweisen Stilllegung der Strecke. Bei einem ebenfalls erörterten Weiterbetrieb der Bahn wären umfassende Sanierungen und Modernisierungen der durch mangelnde Investitionen mittlerweile stark heruntergewirtschafteten Anlagen notwendig gewesen. Dies wurde abgelehnt, denn politisch und volkswirtschaftlich setzte man in der DDR auf den Straßenverkehr. Busse und Lastwagen galten als fortschrittlich, die Schmalspurbahn als Relikt des Kapitalismus. Die hierfür notwendigen Mittel sollten nun stattdessen dem Ausbau der Straße im Preßnitztal und auch der Erweiterung des Containerbahnhofs in Annaberg zu Gute kommen. Nahezu zeitgleich angesetzte Abfahrtzeiten von Zug und Autobus und bewusst schlecht koordinierte Anschlüsse sollten auch dem Reisezugverkehr den Garaus machen.*

*So kam es wie es kommen musste: Im Frühjahr 1982 wurde zunächst der Güterverkehr zwischen Steinbach und Jöhstadt eingestellt, im Januar 1984 dann auch der Reisezugverkehr zwischen Niederschmiedeberg und Jöhstadt. Die zuständige Bahnmeisterei sah sich angesichts der maroden Gleise nicht mehr dazu in der Lage, die Verantwortung für den Weiterbetrieb zu übernehmen. Die Einstellung auf dem Reststück ab Wolkenstein erfolgte am 30. September 1984. Bis Ende 1986 blieb nur noch der Güterverkehr für das Kühlschrankwerk, da die nötige Umstellung auf Straßenabfuhr noch nicht vollzogen war. Am 31. Dezember 1986 war die Linie endgültig stillgelegt.*

*Danach erfolgte ein undurchsichtiges und zutiefst aberwitziges Unternehmen: die Strecke wurde mit einem immensen Aufwand abgebaut. Bis 1988 wurden große Teile der Anlagen, zuletzt zahlreiche Brücken, per Hubschrauber entfernt. Bei dieser sinnlosen und zudem sehr kostspieligen Aktion kann man sich des Eindrucks nicht erwehren, dass nicht etwa eine sinnvolle Schrottverwertung, sondern nur die schnelle Vernichtung der Strecke im Vordergrund stand um damit die an deren Erhaltung interessierten Kreise vor vollendete Tatsachen zu stellen.*

*Mit dieser schweren Erblast hatte die 1992 gegründete Interessengemeinschaft Preßnitztalbahn zu kämpfen. Seit dem Jahr 2000 dampft es wieder auf dem Abschnitt von Steinbach bis Jöhstadt auf einer Streckenlänge von acht Kilometern. Neben umfangreichen Wiederherstellungs- und Restaurierungsarbeiten an Gleisen und baulichen Anlagen musste vor der Betriebsaufnahme der erst 1987/88 auf dem Gelände des Bahnhofs Steinbach errichtete Kindergarten wieder abgerissen werden!*

Nach Ankunft des Morgenzuges gegen 11 Uhr im Bahnhof Jöhstadt hat die 99 1585 umzusetzen, wobei sie den unbeschrankten Bahnübergang überquert. Für die Kinder des Ortes ist die Dampflok immer eine kleine Sensation.

# Dampfloks jenseits des Eisernen Vorhangs

Der bei der Deutschen Bundesbahn in den frühen 1970er-Jahren rasch abnehmende Dampfbetrieb ermunterte zahlreiche westdeutsche Eisenbahnfreunde, einen Blick über die innerdeutsche Grenze zu werfen. Was man bei der Reichsbahn der DDR entdeckte, war ein zu Hause kaum mehr vorstellbares Dampflokparadies. Ein Refugium, das aber genauso wie im Westen geschehen, durch den Strukturwandel ernsthaft bedroht war. Nur dass sich dieser zum Glück für uns Eisenbahnfreunde etwas mehr Zeit ließ. Darüber hinaus dampfte es auch in praktisch allen übrigen Ländern des Ostblocks kräftig.

Das Fotografieren von Dampfzügen in der DDR war nicht ganz unproblematisch. Eines der Haupthindernisse für die westlichen Eisenbahntouristen bestand in der allgegenwärtigen Angst, von den Vertretern der Staatsmacht bei

Obwohl das Fotografieren von Zügen in der DDR in den späteren 1970er-Jahren längst nicht mehr so riskant war wie zu früheren Zeiten, konnte man trotz allem verschiedentlich Schwierigkeiten mit allzu dienstbeflissenen Organen bekommen. Ausgerechnet aber die Rotarmisten als besonderes verlockendes Motiv für den mit Dampflok in Leipzig Hbf zu erwartenden E 802 aus Sonneberg zu wählen, schien mit unkalkulierbaren Risiken verbunden. Schließlich gab ich mir einen Ruck. Schnell das Tele auf die Kamera, Blende, Verschlusszeit und Entfernung eingestellt und unter die Jacke gesteckt. So unauffällig wie nur möglich bewegte ich mich auf die Soldaten zu. Als wenige Augenblicke später die 01 0533 mit ihrem zehn Minuten verspäteten Zug in die Halle fuhr, sagte ich mir: jetzt oder nie! Kamera hoch, Schuss und schnell unter die Jacke damit. Wenn ich mir heute das Bild anschaue, so galt die ganze Aufmerksamkeit der Sowjetsoldaten der mächtigen Maschine, die sie wie das achte Weltwunder bestaunten. Mein Treiben scheint zumindest von dieser Seite kaum bemerkt worden sein.

aktuelle
SCHUH
modelle
01 0533-8

**Rechts:**
Die Lokmannschaft der 324 1561 unterhält sich angeregt mit dem Rangierer im Bahnhof Pápa.

**Unten:**
Im Sommer 1981 dampfte es im nordungarischen Raum in der Gegend von Pápa noch kräftig. Vom dortigen Bw wurden noch Lokomotiven der Baureihen 324 und 424 planmäßig eingesetzt. Dabei galt das besondere Interesse stets der Reihe 424, beeindruckend schönen Mehrzwecklokomotiven, die noch zahlreiche Personenzüge bespannten. Mit einem Freund befand ich mich in dieser Region für einige Tage auf Dampflokjagd. Als wir den von der 424 170 geführten Zug zwischen Pápa und Celldömölk mit dem Auto gerade an einer schönen Fotostelle eingeholt hatten, entdeckten wir ein weithin sichtbares Schild, das zweifelsohne ein Fotografierverbot bedeutete. Ein schneller Blick: niemand zu sehen, schnell ein Schuss mit dem 135er-Tele und dann nichts wie weg! Das hätte aber auch ins Auge gehen können.

einem möglicherweise verbotenen Tun erwischt zu werden und dadurch in Schwierigkeiten zu geraten. So musste man damals beim Fotografieren auf Bahngelände noch große Vorsicht walten lassen. Aber nicht nur die so genannten „Organe" – dies war der damals übliche, allumfassende Sammelbegriff für Volks-, Transportpolizei und sonstige Ordnungshüter, stellten eine permanente Gefahr dar. Auch ganz normale, von jahrzehntelangen Verboten und Bevormundungen geprägte DDR-Bürger, konnten harmlose, ihrem Hobby nachgehende Eisenbahnfreunde denunzieren und zur Meldung bringen. Meist war dann die Ordnungsmacht schnell zur Stelle. Nach den Berliner Verträgen besserte sich die Situation allerdings spürbar. In deren Folge

wurde im Jahr 1973 eine Verordnung erlassen, die das Fotografieren von Zügen legalisierte, sofern dies von einem öffentlich zugänglichen Gelände aus geschah. Bei der Interpretation, was öffentlich zugänglich ist, schieden sich aber oftmals die Geister und manches blieb bei diesem Gummiparagraphen Auslegungssache und Lust und Laune des jeweiligen Ordnungshüters überlassen. Aber immerhin, ein Anfang war gemacht.

Nun war es gar nicht so einfach, Einlass in dieses gelobte Land der Dampftraktion zu bekommen. Es war ein kompliziertes und langwieriges Procedere, das praktisch nur über eine Einladung durch Verwandte oder Bekannte in der DDR, welche auch für die Beherbergung ihrer Gäste zuständig waren, erfolgen konnte. Erst wenn diese vorlag, konnte das notwendige Visum beantragt werden. Eine andere Möglichkeit bestand darin, über das Reisebüro der DDR ein Hotelzimmer oder den Zugang zu bestimmten Campingplätzen reservieren zu lassen. Unabhängig davon, wofür man sich entschied, benötigten diese bürokratischen Hemmnisse in allen Fällen mehrere Wochen Vorlauf, bis alles unter Dach und Fach war. Seit den Grundlagenverträgen von 1972 gab es allerdings die Einreisemöglichkeit über West-Berlin mittels eines Tagesvisums. Diese eher unproblematische und einfache Variante wurde nicht nur von jenen Eisenbahnfreunden, die über keine DDR-Kontakte verfügten, gerne genutzt. Heute sind all diese Erschwernisse und Schikanen entfallen, dafür aber auch die Dampflokomotiven verschwunden.

Der Traktionswechsel bei der Deutschen Reichsbahn (DR) zog sich über mehrere Jahrzehnte hin. Diese Bahn war bei genauem Hinsehen in weiten Bereichen ein auf vollen Touren arbeitender unfreiwilliger Traditionsbetrieb. Blieb die Zahl der Dampflokomotiven mit gut 5000 Maschinen bis Mitte der 1960er-Jahre noch ziemlich konstant, wurden Veränderungen und Hinwendung zu neuen Traktionen innerhalb der nächsten fünf Jahre deutlich sichtbar. Durch Ausmusterung ging die Gesamtzahl der Dampfloks auf 2280 Einheiten zurück, unter denen sich immer noch rund 1500 im Einsatz befindliche Güterzugdampflokomotiven befanden. Unter den 2075 zum Ende des Jahres 1969 bei der DR noch vorhandenen Dampflokomotiven befanden sich nur noch 12 Prozent aus der Länderbahnzeit. Mehr als 40 Prozent waren – bei steigender Tendenz – Neubaulokomotiven oder solche des Rekonstruktionsprogramms. Mithin verfügte die DR über einen relativ modernen Dampflokpark. Dieser hatte auch noch viele Jahre danach in diesem von allen Seiten wirtschaftlich gebeutelten Land eine im Vergleich zur DB ungleich größere Rolle zu erfüllen. 1970 wurde für alle Triebfahrzeuge der Reichsbahn ein neues, EDV-gerechtes Nummernsystem eingeführt. Im Güterzugverkehr waren es die ölgefeuerten Lokomotiven der Baureihe 44, vor allem aber die bei der Bundesbahn schon seit 1963 außer Dienst gestellten Maschinen der Baureihe 52, durch die die täglichen Betriebsleistungen aufrechterhalten wurden. Aus Mangel an geeigneten Maschinen anderer Baureihen konnte die DR auf die Baureihe 52 als zuverlässige, einfache

Im April 1980 war der Winter nochmal zurückgekehrt, als unmittelbar an der CSSR-Staatsgrenze bei Gmünd die Lok 556 0506 am Ausfahrtsignal über die Grenze fuhr. Im Hintergrund sind sowohl das Schild „Achtung Staatsgrenze“ als auch die zu den Grenzsicherungsanlagen gehörende, von einem Posten besetzte Beobachtungs- oder Beschaubrücke zu erkennen.

Lokomotive bis zum Ende des Dampfbetriebs nicht verzichten. Während viele Loks in ihrem Ursprungszustand verblieben, unterzog die DR ab 1960 200 Exemplare einer Rekonstruktion. Die so umgebauten Maschinen erhielten neue Kessel, teilweise Giesl-Ejektoren und wurden unter der Baureihenbezeichnung $52^{80}$ eingereiht. Die hauptsächlich durch Reduzierung sowjetischer Erdöllieferungen eingetretene Ölkrise der 1980er-Jahre führte zu zahlreichen Reaktivierungen bereits abgestellter Loks. 1980 war die Dampftraktion an allen Zugförderungsleistungen der Reichsbahn immer noch mit rund 6 Prozent beteiligt, wobei die Beendigung des Dampfbetriebes von Jahr zu Jahr weiter hinausgeschoben werden musste. Die Leistungen betrafen zuletzt fast ausschließlich den Güterverkehr und wurden überwiegend mit der Baureihe 52 erbracht. So ist es nicht verwunderlich, dass die Baureihe 52 zu den letzten normalspurigen Dampflokomotiven der DR gehörte, die in Betrieb standen.

01 0522-1

Der während des Krieges durch alliierte Luftangriffe stark in Mitleidenschaft gezogene und bis Ende 1965 weitgehend im Originalzustand wieder aufgebaute Leipziger Hauptbahnhof ist der flächenmäßig größte Kopfbahnhof Europas und wird damals wie heute von zahlreichen Fernzügen angelaufen. Dieser riesige Bahnhof besteht aus sechs Hallen mit einer verglasten Gesamtfläche von 60.000 qm, welche die 26 Bahnsteiggleise überspannen. Bis Anfang der 1980er-Jahre wurde dieser Bahnhof noch regelmäßig von Schnellzugdampflokomotiven angelaufen. Während in der linken Aufnahme die ölgefeuerte 01 0522 um die Mittagszeit den E 802 aus Sonneberg gebracht hatte, sind auf der Abbildung ganz oben die beiden Lokomotiven 01 0533 und 01 0522 vor den Zügen P 3020 und E 800 zu sehen. Beide Fotos entstanden im August 1978. Oben steht die Lokomotive 01 0522 an einem Sommertag des Jahres 1977 abfahrbereit vor der gewaltigen Hallenkonstruktion des Leipziger Hauptbahnhofs.

**Rechts:**
Gut gelaunt blicken Lokführer und Heizer der Dreizylinderlok 58 3017 des Bw Glauchau in die Kamera des Fotografen.

**Unten:**
Die 1963 durch Rekonstruktion aus der 1943 gebauten 52 1454 entstandene 52 8077 gehörte zum Zeitpunkt der Aufnahme im Jahr 1977 zum Bw Röblingen. Die Maschine gelangte im Mai 1981 zum Bw Engelsdorf, wo sie bis zum November 1990 im Einsatz stand.

**Oben:**
Bis Ende 1981 waren die ölgefeuerten Jumbos des Bw Sangerhausen bei der DR in den schweren Güterzugplänen der Region voll gefordert. Auf der 44 0378, am 14. Mai 1978 beim Block Steinberg an der Rampe nach Blankenburg mit einem langen Güterzug unterwegs, produzierte der Heizer zur Freude des Fotografen eine gewaltige, sehr fotogene Ölqualmwolke. Diese freundliche Geste wurde des Öfteren, sozusagen auf Bestellung, von Lokpersonalen in Ost und West praktiziert.

**Links:**
Im Juli 1981 machte die 44 0601 mit einem Güterzug auf der Steigung von Saalfeld nach Unterwellenborn kräftig Dampf.

# Dampfbetrieb in Ost-Berlin – Europas letzte Dampfmetropole

**Mitte:**
Die 01 2118 in der Halle des Berliner Ostbahnhofs im August 1977. Zum Winterfahrplan des folgenden Jahres endete der Plandienst dieser Baureihe auf der Strecke nach Dresden.

*Ost-Berlin war seit den 1970er-Jahren ein überaus attraktives Reiseziel für Eisenbahnfreunde geworden. Und dies nicht ohne Grund, denn zu einer Zeit, als im Bw Rheine die letzten 012 abgestellt wurden und sich die Dampfloks auch in praktisch allen europäischen Großstädten verabschiedet hatten, waren hier noch allerorten Schnellzugdampfloks im Reisezugdienst zu bewundern. So konnte man unter den beeindruckenden Hallenarchitekturen der großen Berliner Bahnhöfe noch bestens gepflegte 01 $^{0}$, 01 $^{5}$, 03 $^{0}$ und 03 $^{10}$ vor hochkarätigen Reisezügen vor die Linse bekommen. Ost-Berlin als das politische, kulturelle und wirtschaftliche Zentrum und gleichzeitig als „Hauptstadt der DDR“ tituliert, lag im Mittelpunkt von 15 Eisenbahnlinien, die sternförmig auf die Stadt zuliefen. Berlin war ohne Zweifel der größte Eisenbahnknoten Mitteleuropas, der auch im internationalen Verkehr eine wichtige Rolle spielte. Dabei liefen keineswegs alle Züge bis zum Ostbahnhof durch. Da der Zugverkehr in Berlin eine sehr große Dichte aufwies, endeten viele Züge in den Bahnhöfen Lichtenberg, Karlshorst und Schöneweide. Zur Weiterfahrt in die Innenstadt stand mit der S-Bahn dem Reisenden ein leistungsfähiges Verkehrsmittel zur Verfügung.*

*Die in Ost-Berlin gebotene große Typenvielfalt, ließ eine Reise in die geteilte Stadt zu einer wahren Attraktion werden. Damals waren die Schnellzugmaschinen für die Reichsbahn noch unverzichtbar, denn die Dieselloks der Reihe 118 aus eigener Produktion waren leistungsmäßig den Dampfloks unterlegen und die russischen Import-Loks der Reihe 132 befanden sich entweder in der Anlieferung oder wurden anderweitig dringender benötigt. Die zwar starken aber langsamen 120 waren reine Güterzugmaschinen ohne Zugheizung. Und an eine Elektrifizierung der Strecken war damals überhaupt nicht zu denken. Deshalb konnte Berlin den inoffiziellen Titel als die „Dampfhauptstadt Europas“ zu Recht für sich in Anspruch nehmen.*

*Uneingeschränkte Stars unter den Berliner Schnellzugloks waren die im Betriebsteil Lichtenberg des Bw Berlin-*

**Rechts:**
Am 11. Februar 1978 hat die 03 0058 mit dem D 319 „Saßnitz-Express“ ihren Zielbahnhof erreicht.

**Ganz rechts:**
Ein Vater mit seinen beiden Kindern im Berliner Ostbahnhof vor der späteren Traditionslokomotive 03 0010. Gerade die großen Schnellzugloks beeindruckten Jung und Alt.

Ostbahnhof sowie im Bahnbetriebswerk Dresden-Altstadt stationierten 13 Lokomotiven der Baureihe 01 mit Altbaukessel. Diese Maschinen entsprachen mit ihren großen Windleitblechen der Bauart Wagner äußerlich noch weitgehend dem Ablieferungszustand. Zusammen mit den rostgefeuerten $01^5$ bespannten überwiegend Dresdner $01^0$-Lokomotiven im Durchschnitt zehn hochwertige Schnellzüge zwischen diesen beiden Städten. Darunter auch grenzüberschreitende Namenszüge wie „Meridian“, „Pannonia-Express“, „Istropolitan“, „Metropol“ und „Balt-Orient-Express“ sowie Züge des Städte-Schnellverkehrs. Es waren zumeist sehr schwere Züge, die von den mittlerweile fast 50 Jahre alten Lokomotiven immer noch mit sehr kurzen Fahrzeiten über die Distanz von 166 Kilometern anstandslos befördert wurden. Zum Winterfahrplan 1977/78 endete der Dienst auf der Rennstrecke von Berlin nach Dresden. Die Leistungen wurden verdieselt und fast alle Maschinen entweder abgestellt oder umbeheimatet. In Lichtenberg blieben noch einige Loks als Betriebsreserve für Dieselausfall stationiert. Während die ölgefeuerte $01^5$-Variante Mitte der 1970er-Jahre planmäßig nicht mehr nach Ost-Berlin kam, war die Baureihe $03^0$ verschiedener Bahnbetriebswerke anfangs noch ständiger Gast. Es waren Maschinen aus Leipzig bzw. dem Bw Lutherstadt Wittenberg die bis zum Ende dieses Jahrzehnts – zuletzt nur noch mit Personenzügen – den Bahnhof Berlin-Schöneweide ansteuerten. Als letzte Schnellzugdampflok war noch bis 1980 die Baureihe $03^{10}$ in Berlin präsent. Die ölgefeuerten Lokomotiven waren seit 1954 im Bw Stralsund konzentriert und versahen jahrelang den gesamten Schnellzugdienst auf den beiden rund 250 Kilometer langen Strecken zwischen Berlin und der Ostsee. Diese dreizylindrigen Lokomotiven gehörten zu den leistungsfähigsten Maschinen der DR, die hier im Norden des DR-Netzes ihr ideales Einsatzgebiet gefunden hatten und trotz Dieselkonkurrenz über Jahre unverzichtbar waren. Im Sommer galt es zahlreiche Saisonzüge zu befördern. Die sehr schnellen Maschinen erbrachten Höchstleistungen von monatlich bis zu 22.000 Kilometern vor ihren durchweg

**Links:**
Am 26. August 1978 stand die 03 0019 abfahrbereit vor dem D 270 „Meridian“. Dieser internationale Schnellzug verkehrte von Belgrad nach Malmö.

**Ganz links:**
Ausfahrt des von 03 0058 geführten D 270 am 30. Juni 1978 aus dem Berliner Ostbahnhof.

*schweren Zügen, hatten aber auf Dauer der Dieselkonkurrenz nichts entgegenzusetzen. Als zusätzliche Beigaben konnte man einen noch recht ausgeprägten Dampfgüterverkehr auf allen Strecken der Stadt erwischen. Die Bw Schöneweide und Pankow waren Heimat zahlreicher 52 aller Varianten. Aus nördlicher Richtung kamen ölgefeuerte 44 aus Eberswalde und Angermünde, sowie die Baureihe 50[35].*

*Die Tagesbesuchsvariante nach Ost-Berlin war wenig kompliziert. Man quartierte sich in einer West-Berliner Pension ein und fuhr in aller Frühe mit der S-Bahn bis zum Bahnhof Friedrichstraße. Durch ein Katakomben-Labyrinth ging es zur Grenzübergangsstelle, die morgens um 7 Uhr ihre Tore öffnete. Dort erhielt man ein Tagesvisum, nachdem Visa- und Zwangsumtausch entrichtet worden waren. Für das Visum verlangte man 5 DM, während der im Verhältnis 1:1 zu entrichtende Zwangsumtausch zu der Zeit 13 DM betrug; in den 1980er-Jahren wurde dieser allerdings auf 25 DM erhöht. Nach stichprobenartigen Gepäckkontrollen befand man sich dann im Ostsektor Berlins. Das ausgestellte Visum besaß nur innerhalb der Stadtgrenze Ostberlins Gültigkeit. Wenn man diese versehentlich überschritt und dabei erwischt wurde, konnte es Ärger geben. Ansonsten aber nahm es die Obrigkeit mit dem Fotografieren von Dampfzügen nicht mehr so genau, selbst wenn man sich gut sichtbar an markanten Punkten postierte. Nach anfänglicher Scheu stellte ich bald fest, dass man sich völlig frei bewegen konnte. Nirgendwo erfolgten Behinderungen oder Belästigungen in der fotografischen Tätigkeit. Nur Bahnbetriebswerke waren weiterhin tabu. Etwas Geduld musste man sich zur Erlangung der notwendigen Ortskenntnisse schon zugestehen. Denn die Dampfloks in diesem Reservat fuhren beileibe nicht nur auf einer oder zwei Strecken, sondern auf sehr vielen und obendrein zu unterschiedlichsten Zeiten. Um diese Umläufe möglichst optimal koordinieren zu können, brauchte man schon etwas Einarbeitungszeit.*

*Dass man aber auch ohne eigenes Verschulden schnell in Bedrängnis kommen konnte, sei durch das Erlebnis eines Freundes, der sich im Frühjahr 1977 in Ost-Berlin aufhielt, belegt. Eines späten Nachmittags postierte er sich, aufgrund der nicht vorhandenen Ortskenntnisse nichts Böses ahnend, auf einem freien Feld etwa in der Mitte des Berliner-*

**Rechts und ganz rechts oben:**
Bei dichtem Schneetreiben hat am 12. Februar 1978 die 01 2065 mit ihrem aus Szczecin, dem früheren Stettin kommenden E 315 den Bahnhof Lichtenberg in Berlin erreicht.

**Ganz rechts unten:**
Die großen Treibräder einer Schnellzugdampflokomotive fotografiert am Bahnsteig von Lichtenberg.

Die Lokmannschaft von 01 1514 blickt an einem Augusttag des Jahres 1977 im Bahnhof Lichtenberg freundlich in die Kamera.

*Außenrings zwischen den Ortschaften Malchow und Margarethenhöhe. Die schnurgerade auf einem Damm verlaufende, doppelgleisige Bahnstrecke eignete sich hervorragend für Gegenlichtaufnahmen. In rund zwei Kilometern Entfernung gewahrte er eine mit einer hohen Mauer und, soweit auf diese große Entfernung erkennbar, mit Wachtürmen umgebene bauliche Anlage, die auf seinem Stadtplan von Berlin, der Hauptstadt der DDR, nicht eingezeichnet war. Eigentlich hätte ihn beides bereits stutzig machen und zur sofortigen Umkehr veranlassen müssen. Da er aber die in diesem Staat nötige Sensibilität für die sich anbahnende Gefahrensituation nicht besitzen konnte, dachte er an nichts Böses. Schnell nahte das Unheil, denn kaum hatte er einen Güterzug mit einer 52 80 im Kasten, kam wie aus heiterem Himmel ein Lada querfeldein über das Feld geprescht. Ehe er sich versah, war er von einer Polizeistreife umringt, die ziemlich barsch seine Ausweispapiere verlangte und die üblichen Fragen nach dem warum, wieso, was er da mache usw. usw. stellte. Mein Freund tat das in dieser undurchsichtigen und eher brenzligen Situation einzig Richtige. Er behielt die Ruhe und beantwortete die vielen Fragen wahrheitsgemäß. Zu verbergen hatte er ja nichts und irgendeiner Schuld bewusst, etwas Ungesetzliches getan zu haben, war er sich auch nicht. Eindeutig war das Feld auf dem er sich befand, dem öffentlich zugänglichen Gelände zuzurechnen, von wo aus die fotografische Ablichtung von Lokomotiven und Zügen ja schließlich erlaubt war. Einer der Beamten verschwand im Wagen und rief über Funk zwecks Überprüfung der Personalien offenbar seine vorgesetzte Dienststelle an. Nach einer schier endlos erscheinenden Wartezeit war das Ergebnis da. Mit dem Befehl des Streifenführers „Verschwinden Sie hier, aber ganz schnell!" fiel ihm ein gewaltiger Stein vom Herzen, denn er war in Gnaden entlassen. Des Rätsels Lösung erfuhr er erst später: er war, natürlich unwissentlich, in die Nähe des Zentralen Untersuchungsgefängnisses des Ministeriums für Staatssicherheit der DDR in Hohenschönhausen geraten! Die gesamte Umgebung des Gefängnisses war streng bewachtes Sperrgebiet. Von dort hatte man ihn natürlich gleich ins Visier genommen und die Streife alarmiert. Alles in allem hatte er noch sehr viel Glück gehabt. Seither mied er bei späteren Berlin-Besuchen diese gefahrvolle Gegend wie der Teufel das Weihwasser.*

*Ein anderes Erlebnis betraf meinen Freund und Begleiter, mit dem ich 1978 zusammen in Berlin auf Dampflokjagd ging. In dem nachfolgenden Fall handelte es sich um ein*

Die 03 0058 steht im September 1977 abfahrbereit vor einem Schnellzug in Richtung Stralsund über Pasewalk am Lichtenberger Bahnsteig.

**Rechte Seite:**
Bei der Ausfahrt des D 814 aus dem Bahnhof Lichtenberg stößt die Zuglok 03 0046 bei geöffneten Zylinderhähnen eine offenbar für die zahlreichen Fotografen initiierte mehr als furchterregend wirkende schwarze Ölqualmwolke in den Himmel. Das war zwar gut gemeint, aber angesichts der städtischen Bebauung eher etwas fehl am Platze.

*Devisenvergehen, es stand also nur indirekt mit der Dampflokfotografie im Zusammenhang. Wurde ein solches entdeckt, reagierten die Grenzorgane überaus empfindlich und es gab dann Unannehmlichkeiten. Es war allgemein bekannt, dass Ostgeld weder aus-, geschweige denn wieder eingeführt werden durfte. Da man als Eisenbahnfreund den ganzen Tag über auf der Fahrt zu den räumlich sehr weit voneinander entfernten Fotopunkten eingebunden war, gab es oftmals weder Zeit noch Gelegenheit, den Zwangsumtauschsatz von 13 Mark Ost bis zur abendlichen Ausreise auszugeben. Jedenfalls hatte man vor Passieren des Grenzübergangs Friedrichstraße sich des möglichen Restbestandes zu entledigen. An einem Morgen kämpften wir uns – mein Freund unmittelbar hinter mir aber wie üblich ohne gegenseitige Kontaktmöglichkeit – durch die Auflagen der Grenzkontrollen in Richtung Osten. Es herrschte auffallend wenig Betrieb, so dass ich schnell und ohne vom Zoll kontrolliert zu werden, in den östlichen Teil der Stadt einreisen konnte. Nun wartete ich auf meinen Begleiter, der mir ja unmittelbar – allerdings ohne Sichtkontakt zu mir – gefolgt war. Er aber kam und kam nicht. Zurückgehen und nachfragen war technisch unmöglich. Nach etwa einer viertel Stunde Wartezeit und dem misslungenen Versuch, auf der entgegengesetzten Seite des Bahnhofs von einem Grenzsoldaten Auskunft zu erhalten, musste ich meine Nachforschungen ohne Erfolg aufgeben. Gegen 11 Uhr trafen wir uns auf dem Bahnsteig der S-Bahnstation Treptower Park wieder. Was war passiert? Mein Begleiter hatte versucht, einen Zehnmarkschein Ostgeld in einer Filmdose versteckt erneut durch den Zoll zu schmuggeln. Sein Pech bestand darin, dass ausgerechnet er kontrolliert wurde. Für die erfahrenen Spezialisten war dieses Versteck kein wirkliches Problem. Unter dem Hinweis, dass Ein- und Ausfuhr von Devisen streng verboten sei, wurde zunächst die Fototasche samt Inhalt eingezogen. Dann ein langes, nervenzehrendes Warten. Die dann folgende elektronische Leibesvisitation brachte zum Glück für ihn kein weiteres belastendes Material zu Tage. Ein umfangreiches Protokoll mit Fragebogen, in welchem Angaben zu Beruf, Arbeitgeber, Verdienst, Familienverhältnisse usw. zu machen waren, folgte. Zuletzt die Frage, was er in Berlin, der Hauptstadt der DDR überhaupt wolle. Mit seinen Antworten waren die Grenzer offenbar zufrieden, denn sonst hätte man ihn gar nicht einreisen lassen. Die unbelichteten Filme wurden zum Glück nicht eingezogen, auch der in der Kamera befindliche wurde verschont. Nach etwa eineinhalb Stunden Aufregung und einer Strafe von 25 DM West und der Bemerkung, dass die Devisenbestimmungen der DDR bindend seien, ließ man ihn ziehen.*

*So gesehen waren alle DDR-Besuche ein kleines Abenteuer. Die vielen dafür gebotenen und erlebten Eindrücke – und hiermit meine ich beileibe nicht nur die der Eisenbahn – entschädigten aber mehr als reichlich.*

**Rechts:**
Von Wittenberge nach Berlin gekommen ist am 21. Mai 1979 die 03 2155 mit ihrer Mannschaft, die im Bahnhof Schöneweide die Ruhepause genießt.

**Unten:**
Die im Bw Lutherstadt Wittenberg stationierte Zweizylinderlok 03 2243 überquert bei der Ausfahrt aus dem Bahnhof Berlin-Schöneweide am 8. Mai 1979 um 16.26 Uhr mit dem Personenzug P 3517 die Hauptstraße. Bemerkenswert ist der desolate Zustand der Straßenbahngleise. Im Vordergrund ist ein IFA W 50 L-Frontlenker-Lkw unterwegs.

03 0046-7

03 0010-3

**Seite 100/101:**
Die 03 0010, wie auch die übrigen Maschinen dieser dreizylindrigen Baureihe im Bw Stralsund beheimatet und ob ihres goldfarbenen Schornsteinringes scherzhaft „Goldbroiler“ genannt (ein Broiler ist bekanntlich der Berliner Ausdruck für ein gegrilltes Hähnchen), vor einem Reisezug unter der Halle des Berliner Ostbahnhofs.

**Oben:**
Lokomotive 01 0513 ist am 25. August 1978 mit dem D 1100 im dichten Gleisgewirr zwischen dem Ostbahnhof und der Modersohn-Brücke unterwegs.

**Oben rechts:**
In der Nähe von Altglienicke im Süden Berlins, befindet sich am 25. August 1977 die 01 2066 mit dem D 1275 „Metropol“ (Rostock – Budapest) auf der Fahrt in südliche Richtung.

**Rechts:**
Einen letzten Sonnenstrahl trifft die Rauchkammer der 01 0530, als sie auf ihrer Fahrt in Richtung Ostbahnhof am 25. August 1978 mit dem D 517 unter den S-Bahngleisen des Bahnhofs Ostkreuz hindurchfährt.

**Links:**
Die 01 2118 hat am 27. Juni 1977 mit dem um zwei Stunden verspäteten D 372 („Balt-Orient-Express“) den Berliner Ostbahnhof erreicht.

Der E 315 mit seiner kohlegefeuerten Lokomotive 01 1511 wurde am 16. Mai 1979 in der Nähe des Blankenburger Kreuzes beim Posten 17 am Berliner Außenring fotografiert.

Ein bei den Eisenbahnfotografen sehr beliebtes Terrain für die Ablichtung von dampfgeführten Reisezügen war das im Berliner Ortsteil Oberschöneweide gelegene Waldgebiet von Wuhlheide. Hier befindet sich die gut gepflegte 01 1506 mit einem schweren Schnellzug auf der Fahrt in Richtung Dresden.

Zum Ende der Dampfzeit mussten auch ausgewiesene Schnellzuglokomotiven mit untergeordneten Diensten vorlieb nehmen. Das traf beispielsweise auf die rekonstruierte 03 2128 zu, die am 26. August 1978 den P 3517 bei Altglienicke in Richtung Schöneweide zu befördern hatte.

Am 26. Mai 1979 war es das letzte Mal, dass dieser nachmittags nach Leipzig bestimmte Gex von einer Dampflok gezogen wurde. Diese Ehre wurde der 03 2058 zuteil.

**Rechts:**
Die Beförderung von Güterexpresszügen (Gex) zählte ebenfalls zu den Aufgaben, die der Baureihe 03 übertragen wurde. Hier ist die 03 2128 am 27. August 1978 mit dem morgendlichen Zug aus Leipzig am Bahnhof Ostkreuz zu sehen.

**Ganz rechts:**
Bis zum Ende ihrer Laufbahn kamen die leichten Schnellzugmaschinen der Baureihe 03 hin und wieder auch zu Schnellzugehren. An dem kalten Wintertag des 13. Februar 1978 führte 03 2243 den D 562 bei Altglienicke im Südosten Berlins.

**Oben:**
Die Lokomotive 03 2067 bei winterlichem Wetter am 12. Februar 1978 vor dem Personenzug P 3514, aufgenommen bei Altglienicke.

**Links:**
Es war bitterkalt am Morgen des 13. Februar 1978 als sich der Fotograf in Erwartung des E 315 südlich des Blankenburger Kreuzes postiert hatte. Das Frieren und Warten hatte sich schließlich gelohnt, denn die 01 2065 jagte mit einer schier endlosen Dampffahne über den Außenring dem Bahnhof Lichtenberg entgegen.

**Rechts:**
Die Lokomotive 03 0046 donnerte am 17. Februar 1978 mit ihrem Schnellzug D 814 über das Blankenburger Kreuz in Richtung Ostseeküste.

**Unten:**
Fahrt in den Winterabend. 03 0020 zeichnete sich am 13. Februar 1978 als Schattenriss gegen den Himmel ab, als sie mit dem D 514 in Richtung Karow vorbeirauschte.

**Links und ganz links:**
Der im Bahnhof Lichtenberg eingesetzte mittägliche, über Neubrandenburg nach Stralsund bestimmte Schnellzug D 814 wurde über den Berliner Innenring geleitet. Insbesondere von der Straßenbrücke am S-Bahnhof Prenzlauer Allee ergaben sich für diesen Zug schöne Motive auf Bahnanlagen, Mietskasernen aus der Gründerzeit und die (leider mittlerweile abgerissenen) Gasometer. Während ganz links die am 30. Juni 1978 aufgenommene 03 0085 zeigt, ist auf dem Bild daneben Lok 03 0060 zu sehen, die einige Tage später vor dem geschlossenen Signal zum Halten gekommen ist.

**Unten:**
Mit zwölf Reisezugwagen am Haken und etwa 120 km/h prescht die 03 0058 am 9. Februar 1978 auf ihrem Weg nach Berlin mit dem D 715 am Standpunkt des Fotografen am Berliner Außenring vorbei.

Die lange Zeit bei der VES-M Halle stationierte 03 0010 führte am 9. April 1978 den D 319 „Saßnitz-Express" (Stockholm – Berlin-Ostbahnhof) bei Posten 17 über den Berliner Außenring.

Fahrt in den Maimorgen! Die seit November 1974 im Bw Stralsund beheimatete 03 0010 hatte am 14. Mai 1979 um 9.23 Uhr den D 270 „Meridian" in Berlin-Ostbahnhof zur Weiterfahrt nach Saßnitz und Malmö übernommen. Diese Aufnahme zeigt die gerade mit etwa 90 km/h am Bahnhof Rummelsburg vorbeijagende, noch in der Beschleunigung befindliche Maschine. Sie wird über die folgenden 294 Kilometer bis Saßnitz-Hafen am Zug bleiben.

**Ganz links:**
Die 03 0046 hat am 29. Juni 1978 mit dem D 319 bei verminderter Fahrt den Gleisbogen des Blankenburger Kreuzes durchquert und schickt sich an, die Streckenhöchstgeschwindigkeit von 120 km/h wieder zu erreichen. Das Personal hat offenbar den auf der Brücke stehenden Fotografen entdeckt und zu seiner Freude Regler und Ölbrenner geöffnet. Krachend donnert die Maschine auf dem Berliner Außenring der Hauptstadt entgegen.

**Links:**
Am 7. Februar 1978 war die 03 0010 zur Beförderung des D 814 eingeteilt. Hier zieht die Maschine bei schon tiefstehender, sich im Wasser der Schneeschmelze spiegelnden Sonne ihre Bahn.

**Seite 112/113:**
In Ermangelung anderer Maschinen waren die Kriegslokomotiven der Baureihe 52 bei der Reichsbahn der DDR bis zum Ende des Dampfbetriebes praktisch unverzichtbar. Ursprünglich nur für eine Lebensdauer von zehn Jahren konzipiert, standen diese einfachen und anspruchslosen Maschinen auch bei zahlreichen ausländischen Bahnverwaltungen teilweise bis zu 50 Jahre und länger im Einsatz. Ab 1960 baute die DR über 200 Lokomotiven mit neuen Kesseln und anderen Verbesserungen zur Baureihe $52^{80}$ um. An dem klaren Wintertag des 9. Februar 1978 war die mit Wannentender ausgerüstete 52 8139 des Bw Berlin-Schöneweide auf dem Berliner Außenring unterwegs.

**Links:**
Die Dreizylinderlok 03 0010 führte am 9. April 1978 den D 552 (Erfurt – Stralsund). Die Maschine hatte diesen Zug in Berlin-Schönefeld übernommen und eilte bei Berlin-Buch in nördliche Richtung dahin. Am Rand der gepflasterten Straße parkt hinter dem Moped ein Framo V 901-Kombiwagen.

**Rechts:**
Schneeschauer bestimmten den 16. Februar 1978 als die im Bw Angermünde stationierte ölgefeuerte Rekolokomotive 50 0025 den Berliner Außenring südlich des Blankenburger Kreuzes befuhr. Diese Wetter waren die letzten Ausläufer der zum Jahreswechsel 1978/79 in der DDR stattgefundenen Schneekatastrophe, die zeitweise den ganzen Bahnverkehr zum Erliegen gebracht hatte.

**Ganz rechts:**
Am 11. April 1978 durchfährt die 52 8177 bei neblig-trübem Wetter mit einem Güterzug den Bahnhof Berlin Schöneweide, in dessen Bw die Maschine beheimatet war.

**Rechte Seite:**
Noch weitgehend im Ablieferungszustand befand sich die im Bw Schöneweide stationierte 52 6701, die an dem kalten Wintertag des 8. Februar 1978 einen Güterzug nördlich des Blankenburger Kreuzes beförderte.

**Rechts:**
Im Februar 1978 befand sich die 52 8178 des Bw Brandenburg mit einem Kohlenganzzug bei Altglienicke auf der Fahrt nach Berlin.

**Ganz rechts:**
Am 14. Mai 1979 kam die 52 8074 bei bereits tiefstehender Sonne mit einem gemischten Güterzug auf dem Berliner Außenring heran.

# Betriebsdienst

Neben den Bahnhöfen und der Strecke sind es in erster Linie die Bahnbetriebswerke, kurz Bw genannt, wo sich der hauptsächliche Betriebsdienst der Eisenbahn abspielt. Dieses weite, bei Bundes- und Reichsbahn praktisch identische Betätigungsfeld soll im Mittelpunkt dieses Kapitels stehen.

Das klassische Bahnbetriebswerk ist jenes für Dampflokomotiven. Hier waren die Versorgungseinrichtungen für die schwarzen Schönheiten vorhanden. Denn eine Dampflok musste von Zeit zu Zeit diese Stationen anlaufen, um hier Betriebsstoffvorräte wie Kohle und Wasser ergänzen zu können. Um die Maschinen einsatzfähig zu halten, waren in regelmäßigen Abständen Restaurierungs- und Wartungsarbeiten durchzuführen. Mit anderen Worten: Ohne Bahnbetriebswerke war der damalige Eisenbahnbetrieb völlig undenkbar. Aufgrund des relativ geringen Aktionsradius einer Dampflokomotive hatte früher jede größere Stadt in Deutschland ein oder gleich mehrere Bw. Bereits zur Blütezeit der Dampftraktion waren an allen bedeutenden Bahnknoten des Reise- und Güterverkehrs, die gleichzeitig Zugbildungs- und Lokwechselbahnhöfe waren, Bahnbetriebswerke entstanden, die oftmals hundert und mehr

Das Bahnbetriebswerk Braunschweig gehörte zu jenen Dienststellen, welche bis zuletzt Güterzuglokomotiven der Bw Lehrte (Baureihe 050) und Ottbergen (Baureihe 044) einsetzten. An einem Julitag des Jahres 1975 stand die 044 319 unter der Großbekohlungsanlage dieses Bw.

044 319-2
B&H
3,2t
BECK & HENKEL AG. KASSEL

**Unten:**
Die 044 434 gehörte zum Ende der Dampflokzeit zu den wenigen Maschinen, die noch über ihre vordere Umlaufschürze verfügten. Im August 1975 befand sich diese Lok auf der Drehscheibe des Bw Ottbergen.

**Ganz unten:**
Auf dieser Ende Februar 1976 entstandenen Aufnahme wird die 044 149 für ihre nächste Fahrt versorgt. Bei strengem Frost mussten im Bereich der Wasserkräne Koksfeuer in Stahlkörben unterhalten werden, um das Einfrieren zu verhindern.

Lokomotiven zu betreuen hatten. Einige davon gab es noch bis in die 1960er-Jahre, wobei Bws wie Osnabrück Hbf, Hamm, Nürnberg-Rangierbahnhof, Hamburg-Altona aber auch andere allein schon durch ihre schiere Größe und den Lokbestand von manchmal über 150 Maschinen zu beeindrucken wussten. Manche dieser Betriebsstätten entstanden auch in der Nähe unbedeutender Dörfer und Kleinstädte wie Bebra, Treuchtlingen und Wittenberge, deren Bekanntheitsgrad nur ihren Bahneinrichtungen zu verdanken war. Zumindest gab es an allen Bahnstrecken Lokstationen in großer Dichte, die zumindest die Versorgung der Dampflokomotiven mit Kohlen, Wasser und Schmierölen sicherstellen konnten.

Das Bild eines klassischen Dampf-Bw wurde durch einen, mitunter auch zwei große Ringlokschuppen geprägt, in deren Mitte sich die Drehscheibe befand. Verschiedentlich übernahmen auch große Rechteckhallen mit einer querlaufenden Schiebebühne diese Funktion. Kleine Dienststellen mussten mit einfacheren Baulichkeiten, meist waren dies kleine Rechteckschuppen, vorlieb nehmen. Überall gleich aber war der unnachahmliche Geruch nach Kohle, Rauch, Ruß und heißem Öl, der die Atmosphäre dieser Wallfahrtsorte der Eisenbahnfreunde auszeichnete. Die Bw-Anlagen und Einrichtungen waren so angelegt, dass im Sinne einer flüssigen Abfertigung die nach der Fahrt hereinkommenden Lokomotiven in einer bestimmten Reihenfolge zügig und ohne zusätzliches Umsetzen behandelt und für die nächste Fahrt wieder ausgerüstet und betriebsbereit gemacht werden konnten. Ebenso waren für ausfahrende Maschinen meist auch spezielle Ausfahrgleise vorhanden, damit sich beide Bereiche nicht gegenseitig behinderten. Das war besonders in Stoßzeiten wichtig.

Hatte die Maschine nach ihrer letzten Leistung das Bw erreicht, wurde sie in der Regel zuerst restauriert, also ihre Kohle- und Wasservorräte ergänzt. Ölgefeuerte Loks erhielten anstelle der Kohle natürlich schweres Heizöl. Die Abläufe waren fast immer so organisiert, dass mehrere Tätigkeiten gleichzeitig vorgenommen werden

**Ganz links:**
Ein Schuppenmann des Bw Ottbergen hat am 15. August 1975 die mannshohe Rauchkammertür der 044 456 geöffnet, um bei der Verbrennung entstandene Flugasche, kurz „Lösche“ genannt, mit der Schaufel zu entfernen.

**Links:**
Der Heizer der Schnellzuglokomotive 012 063 bei seinem Rundgang mit der Ölkanne auf dem Umlaufblech der Maschine. Dieses Bild entstand am 23. März 1975 im Bw Rheine.

**Ganz links:**
Harte Arbeit bei unempfindlicher, grober Mechanik. Hier ist ein Betriebsarbeiter des Bw Herzberg dabei, mit einer Brechstange die Aschkastenklappen der 044 390 von außen zu öffnen.

**Links:**
Endlich Feierabend! Oberlokführer Witt vom Bw Ottbergen hat sich die Zigarette verdient. In der Metallkassette befinden sich die Unterlagen der Lok 044 462.

**Oben:**
Lokparade auf den Standgleisen des Bw Emden am 31. August 1974. Von links nach rechts sind zu sehen: 042 083, 042 164 und 012 063.

**Oben rechts:**
Auf einem Missverständnis zwischen Heizer und Lokführer der Tenderlok 064 491 beruhte dieser am 29. April 1974 im Bw Rottweil entstandene Schnappschuss. Einmal versäumte es der Heizer, den Gelenkwasserkran rechtzeitig zuzudrehen. Hinzu kam, dass der Meister, wohl in der Annahme, das Wassernehmen sei beendet, gleichzeitig die Maschine in Bewegung setzte. In breiten Kaskaden ergoss sich der breite Wasserstrahl vom Vorratskasten der langsam anrollenden Maschine. Erst nach lautem Geschrei des Heizers brachte der Meister die Lok noch rechtzeitig zum Halten, bevor das Führerhaus überflutet wurde.

konnten. Zu diesem Zweck fuhr die Lok auf den so genannten Kanal, einer unterhalb des Behandlungsgleises befindlichen, ausbetonierten, mit Wasser gefüllten Grube. Hier erfolgte das Ausschlacken der Lokomotive, wobei Rost und Aschkasten von den Verbrennungsrückständen befreit wurden. Bei ölgefeuerten Dampflokomotiven entfiel diese Arbeit selbstverständlich. Die Schlacke fiel in den Schlackensumpf, das heißt in die mit Wasser gefüllte Grube, die von Zeit zu Zeit vom Bekohlungskran geleert werden musste. Gleichzeitig wurde der Tender oder Kohlenbunker der Lokomotive mit neuer Kohle befüllt. Dieses erfolgte entweder mit einfachen manuellen Anlagen, bei denen Kohlen mit Körben auf die Lok geladen wurden, mit Förderbändern oder Krananlagen verschiedener Ausführung bis hin zu großen Hochbunkern mit Wiegeeinrichtung. Ende der 1960er-Jahre, zu Zeiten des bereits stark reduzierten Dampfbetriebs, gehörten Hochbunker allerdings schon zu den selteneren Erscheinungen in den Bahnbetriebswerken. Die Menge der ausgegebenen Kohle wurde aufgezeichnet und – zumindest noch bis in die frühen 1960er-Jahre – aus diesen Werten Kohleprämien ermittelt, die denjenigen Lokpersonalen mit einem besonders sparsamen Verbrauch zu Gute kamen. Während dieser Zeit wurde durch einen Bw-Arbeiter die Lösche von Hand aus der Rauchkammer geschaufelt. Hierbei handelte es sich um Rußpartikel, die sich während der Fahrt in der Rauchkammer angesammelt hatten. Das so genannte „Lösche ziehen“ war, genauso wie das der Reinigung der

Heiz- und Rauchrohre dienende Ausblasen, eine äußerst schmutzige und beim Schuppenpersonal entsprechend unbeliebte Arbeit.

Zeitgleich wurde in der Regel aus schwenkbaren Kränen Wasser genommen. In den meisten Fällen war das gewöhnliche Wasser wegen seines Gehalts an kalksteinbildenden Sedimenten für die Verdampfung in Lokkesseln nicht sonderlich geeignet. Damit sich Kesselsteinablagerungen im Stehkessel sowie an den Heiz- und Rauchrohren in Grenzen hielten, musste im Rahmen der inneren Speisewasseraufbereitung diesem Enthärtungsmittel – meist war es das Soda-Nalcopulver – beigegeben werden. Waren diese Arbeiten abgeschlossen, wurde der Sandvorrat der Lok ergänzt. Dies war sehr wichtig, denn Streusand war beim Anfahren, Bremsen, auf Steigungsabschnitten und bei ungünstiger Witterung auf nassen, schmierigen Schienen zur Erhöhung des Reibungswiderstandes der Treib- und Kuppelräder unerlässlich. Größere Bahnbetriebswerke verfügten über einen Hochbehälter mit Trocknungsanlage, denn trockener Sand war die wichtigste Voraussetzung. Deshalb befand sich der Vorratsbehälter, der Sanddom, auf dem Kesselscheitel der Lok.

Zwischendurch hatte der Heizer alle Schmierstellen zu ölen, wobei bei mehrzylindrigen Lokomotiven die Innentriebwerke nicht vergessen werden durften. Außerdem war er für die Anlage des Ruhefeuers und für das Abspritzen von Rauchkammerbereich und Aschkasten mit dem Wasserschlauch zuständig. Der Lokführer kontrollierte indessen Rahmen, Lauf- und Triebwerk und die Bremsen. Denn die Betriebssicherheit war und ist stets oberstes Gebot. Und jede für

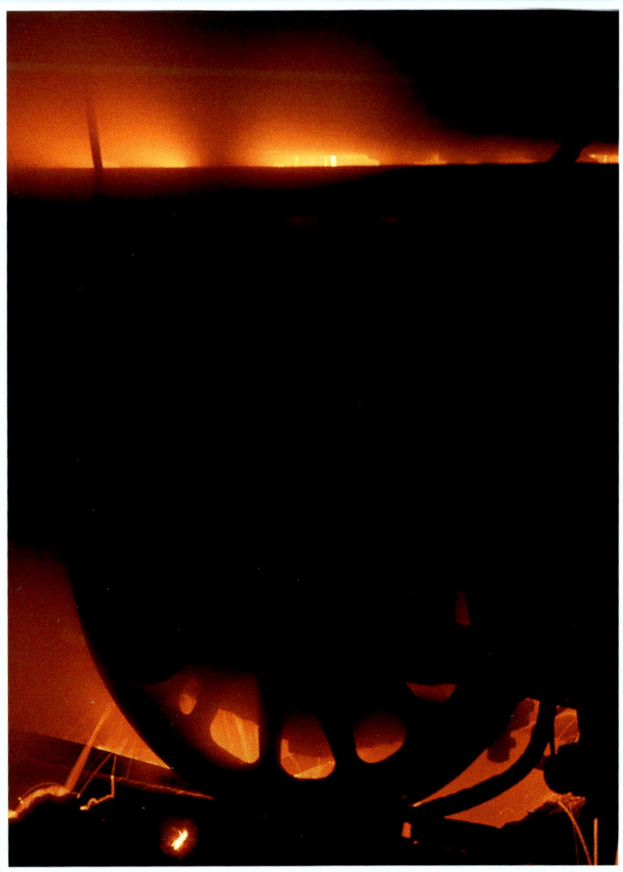

**Ganz links:**
Das Ausschlacken der 044 390 im Bw Herzberg. Ein Betriebsarbeiter ist damit beschäftigt, die Verbrennungsrückstände auf dem Rost mit Hilfe einer Kratze zu entfernen.

**Links:**
Bei Dunkelheit war das Ausschlacken einer Dampflokomotive für den Fotografen ein überaus reizvolles und packendes Schauspiel. Bei dieser 044 im Bw Altenbeken scheint die ganze Feuerbüchse zu glühen.

den Einsatz vorgesehene Lokomotive musste im technischen Abschlussdienst vom abtretenden Personal betriebsbereit abgestellt werden, damit sie von den nachfolgenden Kollegen ordnungsgemäß wieder in Betrieb genommen werden konnte. Nach Beendigung dieser Tätigkeiten wurde die Lok mit aufgebautem Ruhefeuer bis zur nächsten Leistung auf einem Standgleis abgestellt. Waren hingegen Wartungs-, Pflege-, Reinigungs- oder leichtere Reparaturarbeiten wie der Austausch von Bremsbacken notwendig, kam die Maschine auf besondere Stände in den Schuppen. Zu diesen Fristarbeiten gehörte auch das ein- bis zweimal im Monat erforderliche Auswaschen des Kessels.

Die den Betriebswerken angeschlossenen Werkstätten mit Schmiede, Schweißerei und Schreinerei waren in der Lage, Fristarbeiten und kleinere bis mittelschwere Reparaturen an den Lokomotiven auszuführen. Zur Erledigung umfangreicherer Reparaturarbeiten und Untersuchungen mussten die Maschinen in ihr jeweils zuständiges Ausbesserungswerk (AW) überführt werden. Hingegen zählten Steuerungs- und Treibstangenausbau, die Untersuchung der Kolbenschieber, das Ausgießen von Lagern und Achsen sowie der Radsatzausbau zu den täglichen Arbeiten des Werkstattdienstes eines Bw.

Aus den geschilderten Tätigkeiten bei der Lokbehandlung geht hervor, dass nicht nur Lokführer und Heizer für die Aufrechterhaltung des Betriebsdienstes notwendig waren. Wohl standen diese im Mittelpunkt. Meist unbekannt blieben die vielen Lokschlosser, Drehscheibenwärter, Lokputzer, Schuppenheizer und Ausschlacker, ohne deren Wirken im Hindergrund keine Lokomotive gefahren wäre. Nicht zu vergessen ist die Lokleitung, die den Dienst der Lokpersonale und den Lokumlauf verantwortlich zu organisieren und zu überwachen hatte. Diese vielschichtige Tätigkeit verlangte eine gehörige Portion an Übersicht und Organisationstalent.

Selbst noch in den frühen 1970er-Jahren, als sich die Dampflokzeit bei der Bundesbahn bereits rapide dem Ende zuneigte, war ein flächendeckendes Netz dieser Dienststellen vorhanden. Erst die komplette Einstellung der Zugförderung mit Dampflokomotiven führte nicht nur zu einem grundlegenden Wandel der technischen Einrichtungen, sondern auch zu einer ganz erheblichen Reduzierung der Zahl der Bahnbetriebswerke selbst. Zunächst wurden kleinere Bw aufgelöst und von größeren Dienststellen mit betreut. Später fielen selbst traditionsreiche große Bw der Rationalisierung zum Opfer. Wassertürme, Kohlenbansen, Wasserkräne und all die anderen dampfloktypischen Elemente wurden nun nicht mehr benötigt und gehörten

Eine unvergleichliche, leider nicht konservierbare, von Rauch, Ruß und Öl geprägte Atmosphäre herrschte im Inneren eines jeden Dampflokschuppens. So auch im großen Rechteckschuppen des Bahnbetriebswerks Hohenbudberg, in dem im Oktober 1970 die 044 527 auf die Platte gebannt wurde.

der Vergangenheit an. Dabei wurde umso mehr offenbar, wie umfangreich und aufwändig doch das ganze Einrichtungsrepertoire war, das einst ausschließlich für den Dampfbetrieb vorgehalten werden musste. Die meisten Dienststellen konnten nun aufgelöst werden, denn Diesel- und E-Loks ließen ungleich längere Umläufe zu und machten das vormals so dichte Netz der Lokstationen entbehrlich. In den verbliebenen Dienststellen musste eine entsprechend den modernen Traktionsarten notwendige Infrastruktur eingerichtet werden. Daneben erhielten die verbliebenen Betriebsgebäude meist einen helleren Anstrich, da nach dem Ausscheiden der Dampfloks die Fassaden von nun an nicht mehr so schnell verschmutzten.

In den 1970er-Jahren war bei der DR die Welt der Bahnbetriebswerke mit ihrer Infrastruktur und ihrem Leben noch weitgehend erhalten. Noch gab es eine Vielzahl von Bahnbetriebswerken und Einsatzstellen, in denen die Dampflokunterhaltung noch funktionierte, auch wenn der Mischbetrieb mit Dieselloks, meist für einige Jahre, die übliche Erscheinung war. Mit dem Verschwinden der Dampfloks gibt es aber auch hier das klassische Bahnbetriebswerk nicht mehr. Gräser und Büsche wuchern auf den verwaisten Anlagen, sofern diese nicht schon dem Erdboden gleich gemacht wurden.

**Ganz links:**
Zu nächtlicher Stunde ergab sich häufig die Gelegenheit, in einem Bw besonders stimmungsvolle Aufnahmen mit Stativ anzufertigen. Ganz anders als bei Tage, wirkten die nur durch spärliche Neonbeleuchtung beschienenen Dampflokomotiven manchmal fast wie gespenstische Ungeheuer auf den Betrachter. Dieses Bild einer Lok der Baureihe 044 mit eingeschalteter Triebwerksbeleuchtung entstand in der Nacht zum 1. Juni 1974 im Bw Rheine.

**Links und unten:**
Diese beiden Abbildungen wurden am 31. Oktober 1973 nachts im Bw Rheine fotografiert. Links ist die reparaturbedürftig im Rundschuppen abgestellte 012 063 mit geöffneter Rauchkammertür und ausgebauten Kolbenschiebern zu sehen. Die unten abgebildeten Lokomotiven 044 669 und 043 652 waren auf dem Freigelände bis zu ihren nächsten Einsätzen abgestellt. Auch hier hatte der Fotograf einen Schuppenmann gebeten, sowohl das Dreilicht-Spitzensignal als auch die Triebwerksbeleuchtung der Maschinen anzustellen, um im Bild einige zusätzliche Akzente zu setzen.

# Gelsenkirchen-Bismarck – ein klassisches Dampflok-Bw

*Das Bw Gelsenkirchen-Bismarck, eine Dienststelle mit klassisch-schönem Ringlokschuppen und filigranem Wasserturm in Form eines Kugelbehälters auf einem Stahlgerüst, gehörte beileibe nicht zu den größten und bedeutendsten Bahnbetriebswerken der Deutschen Bundesbahn. Es war ein reines Güterzuglok-Bw, in dem seit den späten 1960er-Jahren ausschließlich Lokomotiven der Baureihe 044 beheimatet waren. Das war auch der Grund, weshalb diese Dienststelle anfangs eine nur eingeschränkte Anziehungskraft auf die Eisenbahnfreunde ausübte. Denn in den frühen 1970er-Jahren gab es an anderen Orten noch wesentlich spektakulärere Dampflokbaureihen zu bewundern. Man denke dabei nur an das Bw Rheine mit den Schnellzugdampfloks der Reihe 012, das Bw Hof mit seinen letzten 01-Lokomotiven oder das Bw Rottweil, wo sich die letzten alten Preußen ein Stelldichein gaben. Erst dann, als die DB in ihrem Bestand fast nur noch Güterzugdampfloks zu bieten hatte, wurde dieses Bw schließlich der Hauptanlaufpunkt nicht nur für jene Eisenbahnfreunde, die sich in das Ruhrgebiet verirrt hatten, sondern erlangte sogar eine überregionale Bedeutung. Dies nicht ohne Grund, denn Gelsenkirchen-Bismarck entwickelte sich zum Schluss zur letzten Heimstätte kohlegefeuerter DB-Dampflokomotiven. In diesem aus einer kleinen Lokwerkstätte und Remise im Jahr 1885 hervorgegangenen Bahnbetriebswerk, hatte die BD Essen ihre letzten Güterzugloks der Baureihe 044 zusammengezogen. Der Ausbau der Bw-Anlagen selbst wurde im Rahmen des Investitionsprogramms der Reichbahn in den 1920er-Jahren in Angriff genommen. Die eigentliche Bauphase begann im Jahr 1924 nach dem Ende der Ruhrbesetzung durch die Franzosen, wobei der 16-ständige Ringlokschuppen bereits 1926 fertiggestellt werden konnte. Im weiteren Verlauf der Baumaßnahmen entstanden eine in Portalbauweise ausgeführte Hochbekohlungsanlage mit Wiegebunker sowie alle anderen Einrichtungen, um Dampflokomotiven betriebsbereit wieder herzurichten.*

*Diese Dienststelle hatte im November 1964 ihre ersten*

**Rechts und ganz rechts:** Reinigung der Rauchkammern der 044 556 und 044 143 von Verbrennungsrückständen (Lösche genannt) am 28. Februar 1975 im Bw Gelsenkirchen-Bismarck. Diese werden in eine daneben befindliche Grube geschaufelt.

**Rechts Mitte:** Der Greiferkran der Großbekohlungsanlage war auch für die Auffüllung der beiden Bunkertaschen des Wiegebunkers mit Kohlen zuständig.

**Links:**
Der 13. September 1975 bot nochmals Gelegenheit, begünstigt durch den strahlenden Sonnenschein der frühherbstlichen Wetterlage, einige beeindruckende Bilder aus dem Bw Gelsenkirchen-Bismarck mit nach Hause zu nehmen. Hier hatten die Lokomotiven 044 654, 044 508 und 044 379 vor dem verräucherten Rundlokschuppen Aufstellung genommen.

*44er vom nahen Bw Wanne-Eickel übernommen. Die bisher in Gelsenkirchen-Bismarck stationierten Güterzugloks der Baureihe 50 gab man nach und nach zu Gunsten weiterer 44er ab. Die letzten acht Maschinen verschwanden schließlich Ende Januar 1969, so dass in diesem Bw nunmehr ausschließlich schwere Güterzugloks 044 stationiert waren. Dies geschah nicht allein aus Gründen einer rationelleren Unterhaltung; die schwächeren 50er hatten mit den zu befördernden Lasten auf den zwar kurzen, aber starken Steigungen verschiedener Anschlussstrecken häufig Probleme. Der Bestand stieg von noch 18 Maschinen im September 1966 auf 56 Loks im Juli 1973. Im Januar 1974 war mit exakt 63 Maschinen der höchste Bestand erreicht. Mit der Anlieferung der ersten fünf fabrikneuen Streckendieselloks der Baureihe 216 ab November 1968 kündigte sich auch in diesem Bw der nahe Strukturwandel an. Aber erst mehr als zwei Jahre später wurden weitere Dieselloks im Rundschuppen von Gelsenkirchen-Bismarck heimisch. Hierzu gehörten auch sämtliche Vorserienmaschinen dieser Baureihe, die in Anlehnung an die weiblichen Rundungen der*

**Ganz links:**
Bekohlung der Lok 044 385 an einem Septembertag des Jahres 1975. Aufmerksam beobachtet der Heizer die aus der Bunkertasche in den Tender herabfallende Kohle.

**Links:**
In regelmäßigen Abständen musste der Greiferkran auch den Schlackensumpf von angesammelten Verbrennungsrückständen leeren.

*bekannten Schauspielerin Gina Lollobrigida von den Eisenbahnern als „Lollos" bezeichnet wurden. Am 1. Juli 1973 waren mittlerweile 20 Dieselloks der BR 216, zum 1. Januar 1976 bereits 45 Exemplare in Gelsenkirchen-Bismarck beheimatet. Diese Maschinen sollten schließlich die Baureihe 044 ersetzen. Analog dazu war der Dampflokbestand im Januar 1976 auf 30 Stück, am Jahresende auf 20 Maschinen und schließlich zum 13. März 1977, zum Ende des Programmverkehrs auf nur noch elf Loks gesunken. Wenn abgelaufene Fristen oder größere Reparaturen Lücken in die Stationierungslisten rissen, war anfangs noch Nachschub reichlich vorhanden. Viele der von ihren klassischen Einsatzstrecken verdrängten 044 fanden im Revier ein neues, letztes Zuhause. Der Einsatz der Bismarcker 044 blieb auf den vielfältigen Güterverkehr in dieser Region beschränkt. Es waren hauptsächlich Ganzzüge mit Kohleprodukten, Erzen und Ölen, die die Jumbos im gesamten Ruhrgebiet sowohl auf den nicht elektrifizierten Strecken als auch auf jenen unter Fahrdraht zu befördern hatten. Sie holten schwere Kohlenzüge bei den Zechen ab und brachten Erzzüge zu den Hochöfen. Die Lokomotiven fuhren im Programm- und Zechenverkehr, in dem sich der Fahrplan nach den oft über Monate hinweg konstanten Abfuhrprogrammen vieler Bergwerke, Kokereien und Stahlwerke richtete. Andere Loks standen auf Abruf der Zugleitung im Bw für die zahlreich anfallenden Sonderleistungen bereit. Gemischte Güterzüge wie Durchgangsgüterzüge (Dg), Nahgüterzüge (Ng) oder Übergaben bespannten die dreizylindrigen Kraftpakete eher selten. Längere Durchläufe und hohe Tagesleistungen gab es für die Baureihe im Ruhrgebiet kaum und nur selten erreichten die Maschinen Tageslaufleistungen von wesentlich mehr als 200 Kilometern. Leerfahrten (Lz) kamen häufig vor, da oftmals keine Rückleistungen anfielen, Züge abgeholt werden mussten oder die Lokomotiven nach Beendigung ihrer Tätigkeit auf Grund der nur kurzen Entfernungen zurück ins heimatliche Bw fuhren. Der Dienst im Ruhrgebiet bedeutete aber hohe Zuglasten, wobei 2200 Tonnen am Zughaken beileibe keine Ausnahme waren. Solche Züge waren unter Umständen mit 70 bis 80 km/h Dauergeschwindigkeit möglichst planmäßig zu befördern, was bekanntlich nur mit einwandfrei instandgehaltenen Lokomotiven ohne Störungen*

**Rechts:**
Der verräucherte Schuppen mit der auf den nächsten Einsatz wartenden 044 676. Diese Maschine wurde am 25. März 1976 ausgemustert.

**Ganz rechts:**
Am 3. Mai 1975 entstand diese Aufnahme an der Drehscheibe des Bw. Damals herrschte noch Hochbetrieb auf dieser Dienststelle. Erst der Fahrplanwechsel drei Wochen später beendete den Plandienst der Baureihe 044.

*möglich war. So hatte diese Baureihe bis zum Schluss noch Spitzenleistungen zu erbringen, bei denen Maschine und Personal voll gefordert wurden. Solche außergewöhnlichen Leistungen wurden zu der Zeit aber totgeschwiegen. Die Dampflokomotive galt in den Augen der meisten Menschen, besonders aber der Bahn selbst, als veraltet. Sie war gewissermaßen ein überholtes Relikt, das es möglichst rasch zu beseitigen galt.*

*Bis in den Mai 1977 hinein war es noch durchaus üblich, dass werktags meist vier Maschinen im Rahmen der Zugleitungsbereitschaft unter Dampf gehalten wurden um auf Abruf zur Verfügung zu stehen. Mit dem Eintreffen weiter 216er bis zum 20. Mai 1977 konnten die noch im Betriebsdienst verbliebenen Bismarcker Dampfrösser komplett ersetzt werden. Nach einem am folgenden Wochenende zelebrierten großen Abschiedsfest von den letzten kohlegefeuerten DB-Dampfloks, erfolgte die z-Stellung der bis dahin überlebenden Maschinen bereits am 25. Mai 1977.*

*Ganz dampffrei war damit dieses Betriebswerk aber immer noch nicht. Bis zum Fristablauf und der nahezu vollständigen Erschöpfung der noch auf dem Gelände vorhandenen Kohlevorräte verrichtete die 044 377 bis Januar 1979 Heizlokdienste. Sie fuhr zweimal wöchentlich aus eigener Kraft zum Wasserfassen, Bekohlen und Entschlacken und sorgte in ihrer Dienststelle für warme Räume und heißes Wasser. Die 044 377 war damit die letzte Dampflok der DB.*

**Links:**
Der Drehscheibenwärter hatte in jedem Bw eine wichtige Funktion, war er doch mitverantwortlich, dass die Maschinen pünktlich das Bw verlassen konnten. Dazu musste er jede Bewegung schriftlich in einem Journal dokumentieren. Beachtenswert ist das noch aus den 1950er-Jahren stammende Loewe-Opta-Röhrenradio, welches auf diesem untergeordneten Platz bis zum Oktober 1975 überlebt hat.

**Unten:**
An einem Apriltag 1977 standen die Lokomotiven 044 508 und 044 434 neben zahlreichen weiteren Maschinen unter Dampf unter den Rauchabzügen des Rundhauses im Bw Gelsenkirchen-Bismarck. Auch kurz vor dem nahen Ende mussten Loks für Sondereinsätze unter Dampf bereitgehalten werden.

Iiiih – bäh! Hoffentlich hat Mama ein Taschentuch. So sah die vielleicht erste Begegnung eines kleinen Jungen mit der nicht gerade sauberen Dampflok und ihren Versorgungseinrichtungen aus. Es bleibt nur zu hoffen, dass dieser Schock nicht lange angehalten hat.

## Impressum

Buchgestaltung:
www.hoyerdesign.de



Printed in Germany

Repro: Artilitho snc, Lavis-Trento, Italien – www.artilitho.com
Druck/Verarbeitung: Offizin Andersen Nexö, Leipzig


**Bildnachweis**
Alle Bilder von Udo Paulitz bzw. aus dessen Archiv mit Ausnahme von:

Ulrich Winterhoff:
kleine Coverabbildung oben rechts, S. 2/3, S. 7 zweites Bild von oben, S. 8/9, S. 12/13, S. 21 Mitte, S. 26 unten, S. 27 oben links, S. 29 oben, S. 32 unten, S. 33 oben links und rechts, S. 33 unten rechts, S. 35 oben, S. 37 oben, S. 38/39 (3 Abb.), S. 42 unten, S. 43, S. 44/45 Mitte, S. 45 unten, S. 46 unten links, S. 50 oben links und unten links, S. 51 oben rechts, S. 57 unten rechts, S. 58 unten links, S. 59 unten rechts, S. 63, S. 64 (2 Abb.), S. 66/67, S. 68 unten, S. 70 oben und unten rechts, S. 71 unten, S. 75 (2 Abb.), S. 78/79 (3 Abb.), S. 96 links und rechts oben, S. 98/99 (3 Abb.), S. 102 oben rechts, S. 103 (2 Abb.), S. 105 (2 Abb.), S. 106/107 (4 Abb.), S. 108 (2 Abb.), S. 109 oben links und unten, S. 110 oben, S. 111 oben rechts und unten, S. 112/113, S. 114 oben links und rechts, S. 114 unten rechts, S. 115, S. 123 rechts oben und unten, S. 125 unten Mitte, S. 127 oben.

Hilmar Glinski:
kleine Coverabbildung oben links, S. 29 links Mitte, S. 53 oben, S. 56 oben, S. 60 unten, S. 80 unten rechts, S. 82 oben und Mitte, S. 83 unten, S. 84/85, S. 90, S. 91 oben, S. 94 unten links und rechts, S. 94/95 oben Mitte, S. 95 unten rechts, S. 96 unten rechts, S. 97 (2 Abb.), S. 100/101, S. 116/117, S. 118 unten, S. 127 unten.

ISBN 978-3-8003-4600-4